蝶尾红龙睛琉金

蝶尾红绒球

短尾红琉金

鹤顶红

黑白狮

黑蝶尾

黑龙睛

黑龙睛高头珍珠鳞

黑寿星　　　　　　　　　红白蝶尾珍珠鳞

红白花水泡　　　　　　　红白菊花头

红白琉金　　　　　　　　红白狮

红草金鱼　　　　　　　　红高头

红黄珍珠鳞高头

红琉金

红四绒球

红头虎头

红头五花狮子头

虎头金鱼

花狮

皇冠珍珠鳞

黄珍珠　　　　　　　　　　　　蓝狮

龙睛皇冠　　　　　　　　　　　青虎头

三色绒球　　　　　　　　　　　狮头红琉金

十二红玛瑙龙睛　　　　　　　　寿星三色虎头

铁包金黑虎头

五花彩水泡

五花蝶尾珍珠鳞

五花虎头

五花蓝寿

五花龙睛

五花龙睛寿星

五花狮头寿星

五花寿星粉水泡

五花珍珠鳞

鸳鸯蝶尾虎头

珍珠透明鳞

紫红绒球

紫金鱼

紫琉金

紫龙睛蝶尾

池塘里的金鱼

池塘养殖金鱼及投饵机

金鱼卵的孵化

金鱼苗运输

培育金鱼苗种

适宜养金鱼幼鱼的水色

微型池塘养殖金鱼

用药物对珍珠鳞金鱼进行消毒

枝角类是金鱼的好饵料

轻松
养殖致富
系列

轻轻松松
池塘养金鱼

占家智　羊茜　编著

化学工业出版社

·北京·

一对优质的金鱼售价可高达五六十万元，金鱼品鉴深受人们喜爱。本书在介绍金鱼文化的同时，介绍了在我国广为养殖的别具特色的金鱼品种及世界优种金鱼，讲解了金鱼品种特征与价值判定标准。本书着重介绍了金鱼活饵料的人工培养和科学投饲技巧及一些人们关心的常识，介绍了金鱼的繁殖与人工授精，池塘养殖金鱼的主要技术，金鱼的疾病防治技巧、常见疾病的诊断和治疗及金鱼的运输技巧。本书可以让人们轻轻松松就能在池塘里养好金鱼。

本书适合水产及观赏鱼养殖、品鉴爱好者，水产养殖场技术及管理人员，水产专业师生参考阅读。

图书在版编目（CIP）数据

轻轻松松池塘养金鱼/占家智，羊茜编著 . —北京：化学工业出版社，2020.6
（轻松养殖致富系列）
ISBN 978-7-122-36458-6

Ⅰ.①轻⋯　Ⅱ.①占⋯②羊⋯　Ⅲ.①金鱼-池塘养殖
Ⅳ.①S965.811

中国版本图书馆 CIP 数据核字（2020）第 043371 号

责任编辑：李　丽　　　　　　　文字编辑：孙高洁
责任校对：刘　颖　　　　　　　装帧设计：关　飞

出版发行：化学工业出版社（北京市东城区青年湖南街 13 号　邮政编码 100011）
印　　装：三河市延风印装有限公司
710mm×1000mm　1/16　印张 12¼　彩插 4　字数 189 千字
2020 年 7 月北京第 1 版第 1 次印刷

购书咨询：010-64518888　　　　　售后服务：010-64518899
网　　址：http://www.cip.com.cn
凡购买本书，如有缺损质量问题，本社销售中心负责调换。

定　　价：58.00 元

前 言

金鱼，是中国的国鱼，已经有一千多年的养殖历史。在前人对金鱼不断的努力实践和杂交繁育中，金鱼的增养殖得到长足的发展，现在已经发展了几百个品种。金鱼形体美、姿态雅、易生存，是享誉全球的观赏鱼品种，它们以动人的灵气、灵活的游姿、绚丽的色彩、迷人的情趣而让人爱不释手。

为了让广大金鱼爱好者更方便地了解金鱼、热爱金鱼、饲养金鱼，让我国金鱼养殖事业发扬光大，我们编写了这本《轻轻松松池塘养金鱼》。本书共分七大部分，第一部分是概述，介绍了金鱼的起源、演变史与特征文化，同时介绍了在我国广为养殖的别具特色的金鱼品种及其选购技巧，以方便广大读者朋友了解金鱼、喜爱金鱼；第二部分介绍金鱼活饵料的人工培养、配合饵料的配方设计和科学投饲技巧；第三部分介绍了金鱼的繁殖管理与人工授精；第四部分介绍了池塘养殖金鱼的主要技术，为人们在池塘里养好金鱼提供指导；第五部分简要介绍了金鱼生病的原因以及常见疾病的诊断和防治方法；第六部分介绍了金鱼的运输技巧。

本书的特点是少讲理论、多介绍实用技巧，可供金鱼专业养殖人员和爱好者参考使用。

由于我们的写作水平及技术力量有限，如有偏颇之处，敬请读者朋友指正为感！

占家智

2020 年 3 月

目 录

第一章 概述 / 001

第二章 金鱼的饵料 / 045

第三章 金鱼的繁殖 / 081

第五章　金鱼的疾病防治 / 139

第六章　金鱼的运输 / 172

附件　金鱼的十二月令饲养表 / 180

参考文献 / 185

第一章

概　述

第一节　了解金鱼

一、金鱼的起源

我国是金鱼的故乡，是金鱼的起源地。当代如此繁多、如此瑰丽绝伦的金鱼世界，是一两千年前由我国劳动人民从普普通通的野生鲫鱼培养而成的。了解和考证金鱼的起源和发展史，对研究和提高金鱼的饲养技术、加强国际间贸易往来具有重要意义。根据史料记载，1600多年前的庐山西林寺是最早见到红黄色鲫鱼的地方。这时的红黄色鲫鱼是在自然条件下生活的，和银灰色的鲫鱼处于同样的野生环境中，只是由于体色特殊，才引起人们的特别注意，尤其是后来出现的金色或红色的种类更易引起人们的关注，当时人们把金色或红色的鱼类统称为金鱼。

明代李时珍在《本草纲目》中除对红黄色鲫鱼的最早发现做了记载外，还做了如下推论："金鱼有鲤鲫鳅鳖数种，鳅鳖尤难得，独金鲫耐久，前古罕知……自宋始有蓄者，今则处处人家养玩矣。"可见金鱼原有四种，只有金鲫自宋朝以来一直有人饲养，到明朝时已经传播到各地，饲养赏玩金鲫变得普遍起来，并指出金鲫鱼（金鱼）祖先就是晋朝桓冲在庐山发现的赤鳞鱼，即红黄色鲫鱼。

在"金鱼起源于中国"这一观点上，国际友人都表示认同。德国金鱼爱好者赫各莫腊透在其所著的《金鱼养育法》中指出，中国是最早生产金鱼的国家，这从中国古画及中国古代武将甲盾中均有金鱼图案可以证明。

关于"金鱼"一词，英国出版的《牛津简明词典》解释说："金鱼为一种小的红色的中国鲫鱼，常作为宠物饲养在鱼缸或池塘中。"美国出版的《弗伯斯特大词典》把金鱼解释为"红色、黄色或其他色的小鱼，中国产，作为装饰品养于池塘或鱼缸中"。

二、池塘养殖金鱼的可行性

我国是世界上池塘养鱼最早的国家，也是在池塘里养殖金鱼最早的国家，公元前 11 世纪的西周时，池塘养鱼已逐渐推广。在距今 2400 多年的春秋战国时代，越国大夫范蠡（即陶朱公）曾总结了广大劳动人民的生产经验写成《养鱼经》，成为世界上最早的养鱼专著，书中记叙的不同养殖对象的鱼池构造、亲鱼放养规格和季节、雌雄比例、密养轮捕等重要的生产环节，都具有相当高的技术水平。所以，后人一旦发现了红鲫鱼或其他彩色鲫鱼，就能应用在鱼池中饲养的技术，然后让它们繁殖后代，并一代复一代地经过多次选育最终培育成各种各样的金鱼。因此，利用池塘进行金鱼的养殖是可行的。

三、金鱼的传播

我国金鱼向外传播首先是传入东邻日本，而后渐及世界各地。资料显示，公元 1500 年金鱼从我国传入日本，300 年前传入欧洲，100 年前传入美国。

日本著名水产专家、近代大学农学院松井佳一教授研究金鱼数十年，在其所著的《金鱼大鉴》中详细叙述了公元 649—765 年间，中日两国使者往来频繁，日本遣唐使亲眼看到中国饲养金鱼的情况，书中指出中国金鱼在日本德川时代，即 17 世纪初叶前后分多次传入日本的事实。金鱼从中国传入日本后，在新的环境和饲养管理条件下，继续发生变异，经过日本养鱼者的长期努力，培育出有别于中国风格的和金、琉金、地金、朱文锦、秋锦、江户锦等许多品种，形成别具一格的日本金鱼，使日本成为世界上除中国外第二个主要的养殖金鱼的国家。随后中国金鱼传入欧美各国，为我国人民与世界各国的文化交流做出了巨大的贡献。

据考证，中国金鱼传入欧洲时最先传入法国，一些达官显贵把刚引进的金鱼作为奇珍异宝互相馈赠，而后遍及全欧洲，且到达美洲。其中养金鱼最风行的则是南欧的葡萄牙等国。

中国金鱼在 1654 年到达了荷兰。当时荷兰侵占着我国台湾，荷兰人把金鱼送回荷兰本土。在荷兰生物学家的不断努力下，终于在 1728 年取得了金鱼在欧洲人工养殖的成功。1794 年中国金鱼登上英国本土，这是由英国特使马卡尔蒂尼出使中国时，接受乾隆皇帝馈赠并把金鱼带回英国的。中国金鱼又在 1870 年前后被中国商人方棠带到了美国，美国随后又大规模地从中国引进金鱼，金鱼正式进入美国的商品市场。

中国金鱼虽然先后不同地出现在亚洲、美洲和欧洲等国家和地区，如南亚的印度、东亚的日本、南美的墨西哥、北美的美国和加拿大及欧洲诸国，但他们饲养的金鱼大多是中国金鱼的原型，除日本外，他们培育出的新品种并不多，新品种中具代表性的有美国的彗星、印度的红珍珠等，这也表明了中国是金鱼的发源地和金鱼养殖技术最发达的国家。

四、金鱼的演变

鲫鱼演变成为金鱼的过程可归结为野生—放生—半家化—家化—人工选种。

1. 由野生到放生

据记载，东汉明帝永平二年，印度僧人叶摩腾和竺法蓝来我国传授佛经，汉明帝在洛阳为他们建了白马寺，并在寺中建造了鱼类放生池，这是已知最早的放生池，也是鲫鱼由野生走向放生的重要一步。

到了唐朝，大量营造放生池，由于金黄色鲫鱼罕见，且色彩奇异、带有神秘意味而成为被放生的首选对象。我国最早也是最大规模地把金黄色鲫鱼放养在池中的有两个地方，一是嘉兴，二是杭州。

宋初开宝年间，吴越国第三任秀州（嘉兴）刺史丁延赞在嘉兴城外月波楼下南普济院瑁池（即现在的南湖）中，发现了金黄色鲫鱼，从此，这个池就被命名为金鱼池，后又改为放生池，池后面的普济院，也改名为金鱼寺。

在北宋时代的杭州，在六和塔下慈恩开化寺后的池中和南屏山尖教寺的水池中也有了金鲫鱼并有专门的金鱼池。这时的金鱼池专养金鲫，已不像放生池了，因此，我国把金鱼真正作为观赏对象而不是神灵是始于此时。

其他有名的放生池还有天津独乐寺的金鱼放生池、北京灵光寺的金鱼放生池等。

2. 由放生到半家化

由嘉兴月波楼金鱼池、杭州六和塔开化寺和南屏山尖教寺等地的金鲫，我们可以看出金鲫都是受到人为的保护，甚至还能得到人们投给的食物，但是仍然生存于自然中，与龟、鳖和其他鱼类等混杂共处，而且在它们之间还存在着种间的生存竞争。金鲫除体色与银灰色鲫鱼不同外，其他方面都表现出和普通鲫鱼大致相同的习性。就其体色而言，也只是金黄色一种而已，并无其他在自然界中未曾出现过的颜色。所以说，这时的金鲫是处于半自然环境之中，过着半家化的生活，从而加速了形体变化的过程，也就开始成为人们观赏的对象之一。

3. 由半家化到家化

到了南宋，金鲫进入了家化时代。此时金鲫单独生活在养鱼池中，避免了在放生池中与野生鲫鱼的杂交，得到更好的人为保护和充足的饵料，再不需要与其他水生动物进行激烈的生存竞争，所以发生的变异也比半家化时期易于保持，品种的性状相对稳定，加上养鱼者的精挑细选，金鲫的品种遂由单一的金黄色一种，增加到金黄、银白和花斑三种颜色，但体形毫无变化。

到了明朝中后期，盆养金鱼已成为普通的养殖方式，金鱼的饲养和繁殖技术迅速提高。由于盆养大大缩短了人和鱼的距离，便于人们欣赏和评比鱼品的优劣。明朝的神宗皇帝是个金鱼鉴赏家，对饲养金鱼很有研究，饲养了许多金鱼，而且每年在中秋那天，要举行赛金鱼的活动。到明朝时，人们已将金鲫称为金鱼了。

4. 人工选育对金鱼培育的贡献

金鱼饲养的规模和范围日益扩大，人们对新奇异样的金鱼的兴趣也随之增加，于是从大量幼鱼中选择保留变异大的金鱼就成为必然，这实际上就是在进行人工选育。

在盆中繁殖金鱼，由于盆的空间较小，交配产卵时，只能容纳很少的几对金鱼，人们就把较多的鱼分成很多盆来交配产卵。分盆育种避免和限制了混乱的杂交，使特异的优良品种比较容易保留下来，这也是一种人工选择。

由于盆养使金鱼活动的空间缩小、游动缓慢，诱发了金鱼体形变异：狭长的身形发展到蛋圆形；背鳍有的残缺，有的整个退化；尾鳍则多种多样，以适应小盆游动的需要。而且进入盆缸饲养后，饲养者可以比较细致地观察金鱼，加之对金鱼的认识和了解进一步深入、饲养技术的进一步提高，使大量养鱼、仔细选鱼、分盆育种成为可能，因而人工选择就提高了效率。

从清末到抗日战争前的 30 余年间，由于遗传学的发展，人们不仅采取种种杂交方法，使金鱼产生新的变异，同时对变异的发生来由、形成原因、遗传性等均做了详细而系统的研究。新中国成立以后，党和政府对我国古代的文化遗产极为重视，到 1958 年，金鱼已发展到 154 种。70 年代中叶，著名遗传学家童第周等几位教授，从鲫鱼的卵细胞内提取了一种核酸，注射到金鱼的受精卵内，培育出一种新的鱼类品种，该鱼的照片和说明已被录于《大英百科全书》，并被命名为童鱼。

5. 现代金鱼的文化成果

从 20 世纪 70 年代以来，我国的金鱼养殖和科学研究得到长足的发展，除了取得一大批的科技成果外，还陆续出版了一些金鱼的专著，主要有傅毅远著的《金鱼》、张绍华著的《北京金鱼》、许祺源著的《金鱼饲养百问百答》、占家智等著的《观赏鱼养殖 500 问》等，同时各杂志上还发表了很多有重要参考价值的金鱼文章。

6. 金鱼观赏与养殖业的发展壮大

随着金鱼出口的增长和国内市场的发展，广州、北京、上海、武汉、福州、苏州等地相继成立观赏鱼协会或金鱼协会。1991 年 10 月，中国水产学会在江苏无锡召开第一次亚太观赏鱼及养殖良种展销会，同年 10 月 8 日在无锡召开了观赏鱼研究会筹备委员会。1992 年 6 月，中国水产科学研究院北戴河增殖中心建成珍奇水族馆。1992 年 8 月，南海水产研究所与台湾鑫海水族馆等合作，在广州越秀公园举办世界珍奇观赏鱼展览会。1994 年 6 月江苏省徐州市建成大型淡水鱼类水族馆。1997 年 10 月首届北京国际观赏动物及用具展在北京农展馆成功举办。1998 年 10 月中国观赏鱼研究会也正式成立，将金鱼热推向高潮，现在全国各地都在养殖、欣赏金鱼。

五、金鱼品种的发展史

宋朝宋高宗赵构在杭州建造养鱼池，广集各地金鱼供其观赏，到了明末则是我国金鱼品种发展的盛行时期。据史料记载，嘉靖年间（1522—1566年），许多地方已发展缸盆养金鱼，杭州称盆鱼。公元1568年出现一种颜色深红的金鱼，称火鱼，后改名为朱砂鱼，同时培育出了双尾鳍金鱼。清嘉庆进士姚元之（1776—1852年），在他的《竹叶亭杂记》（1848年）中，对金鱼的生态特征、饲养方法、品种等做了详细的描述。该文献中，根据金鱼的形态特征，把金鱼分为龙睛、蛋（鱼）、文（鱼）三种，三种间两两杂交又产生所谓"串种"（杂交种），如蛋龙睛为龙睛、蛋鱼串种；背生一刺或有一泡如气者，为蛋、文鱼串种；脊刺短且缺而不连者为文、蛋鱼串种。三类均另有无鳞、细碎花斑或软硬尾的所谓洋种。自1848年到1925年的78年间，许多名贵品种，如黑龙睛、狮头、鹅头、望天眼、水泡眼、绒球、翻鳃、蓝珍珠鳞、紫珍珠鳞等都相继问世。1925年后，陈桢教授利用蓝色金鱼和紫色金鱼进行杂交，创造了紫蓝花色的金鱼新品种。到解放初期，上海、杭州一带流行的金鱼品种约40种，新品种有黄高头、玉印头、虎头龙睛等。新中国成立后，各地园林部门大力培育，使一些失传的名贵品种重又出现，而且还培育出不少新品种，著名的有朱顶紫罗袍、扇尾珍珠、紫珍珠、高头球、凤尾鹅头、蓝鹅头、蓝朝天龙等。

第二节　金鱼的特征

一、金鱼的形态

（一）外部形态

金鱼的外部形态与其他鱼类的差别较大，而且金鱼品种间的差异也很明显，这些差异都是形态上的变异，其身体各部的组成大都同一般鱼类一样。金鱼的身体由头、躯干、尾三部分组成，但各部分的分界线不太明显。通常是从身体最前端的口到鳃盖后缘，于胸鳍开始处划一垂直线称为头部；从鳃盖后缘到肛门或臀鳍的开始处称为躯干部；从肛门或臀鳍开始处到尾鳍末端称为尾部。头部的最前端为口，其后有鼻、眼、鳃盖。躯干及尾柄部有鳞片覆盖。身体两侧各有一条弯曲的侧线，起自鳃盖后缘止于尾柄基部。胸部有胸鳍，背鳍一般位于背部中央，腹部有腹鳍，腹鳍后为臀鳍。尾部包括尾柄和尾鳍（图1-1）。

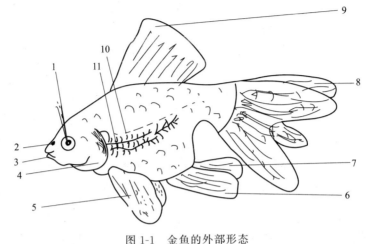

图 1-1　金鱼的外部形态

1—眼；2—鼻；3—口；4—鳃盖；5—胸鳍；6—腹鳍；7—臀鳍；

8—尾鳍；9—背鳍；10 侧线；11—鳞片

1. 体形

野生的鲫鱼体细长而侧扁，例如草金鱼体形就如此，而其他类型的金鱼，体形变化很大，且常因品种而异。但总的来说表现在躯干的缩短，整个躯干多成为椭圆形或纺锤形。有的腹部显得特别膨大而肥圆，甚至成为球形，尾柄则往往陡然细小而短。

2. 侧线

由于体形变异，侧线也相应呈弯曲状的收缩，先向下，再向上，在尾柄处又向下而后趋于平直，这种波浪式弯曲随体形缩短愈加明显。金鱼侧线鳞数为22～28片。

3. 体色

金鱼的体色与淡水鱼类一样，主要是由鱼鳞中的黄、黑色素细胞和蓝色反光组织构成，金鱼的体色均是由于这三种色素细胞增减、变异和突变而起变化。一般来讲，红色金鱼其黑色素细胞较少；黑色金鱼其黑色素细胞和黄色素细胞密度较高；纯白色金鱼则无黑、黄色素细胞；五花金鱼则三种色素细胞数量各有不同，从而造成其体色各异。

4. 头形

金鱼的头形可分为平头、鹅头和狮子头形。其头部长度与身体长度之比差别较大，平头形为1：5；鹅头、狮子头形为1：3，它们的区别在于肉瘤的大小及方位（图1-2）。

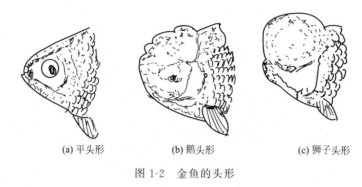

(a) 平头形　　　　　　(b) 鹅头形　　　　　　(c) 狮子头形

图1-2　金鱼的头形

5. 鳍形

金鱼各鳍的形状，除草金鱼外其他品种均有较大的变异，如由单鳍变为双鳍，短鳍变为长鳍等，主要表现在背鳍、臀鳍和尾鳍的变异上。

（1）背鳍　金鱼的背鳍位于背部中央，分有背鳍和无背鳍两类。有背鳍的金鱼，鳍的前缘部分较鲫鱼和草金鱼伸长许多，因此背鳍显得较高。无背鳍的金鱼被认为是优良性状而成为蛋种类型。

（2）胸鳍　位于鳃孔的后面，其鳍条数依品种而有差别，以草金鱼最多、蛋种鱼最少。胸鳍形状也因品种而异，蛋种鱼的短而圆，其他金鱼的多呈三角形，长而尖。同种金鱼，则雄鱼的胸鳍比雌鱼要长些，且稍尖。随着鱼体的增长，胸鳍也逐渐长大。

（3）腹鳍　位于腹面的底部，其长短依品种稍有差异，同品种的个体之间腹鳍并没有明显的差异。

（4）臀鳍　位于肛门之后，金鱼的臀鳍除少数品种为单臀鳍，大多数品种具有双臀鳍，且双臀鳍被我国和日本金鱼鉴赏家认为是金鱼的优良性状。

（5）尾鳍　位于尾柄的后端，约有鳍条36根，有单、双尾鳍和长、短尾鳍之分。依形态分，还有扇尾和蝶尾等的分别。尾鳍的颜色变异也很多，红色、白色、红色镶白边、红色镶黑边、黑色镶红边以及尾鳍上有不同颜色的斑块等（图1-3）。

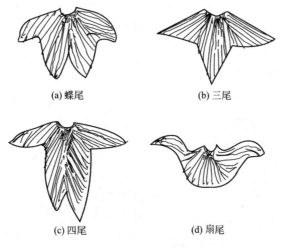

(a) 蝶尾　　　　　　　　　(b) 三尾

(c) 四尾　　　　　　　　　(d) 扇尾

图 1-3　金鱼尾鳍的变异

6. 鳞片

　　金鱼的鳞片有正常鳞、透明鳞和珍珠鳞三种。透明鳞因失去反光组织和色素细胞而形成，像一片透光的塑料片；珍珠鳞就是半凸状含有石灰质沉淀的鳞，边缘部分颜色深，中央部分颜色浅且外凸，仿佛鳞片上镶有一颗小珍珠；正常鳞含有反光组织和色素细胞，表现出各种色彩。鳞片因外伤而脱落后，可以再生，但再生鳞片形状、大小和再长的位置都与原来鳞片有所差异，有的差异还很大，因此非常难看、不谐调，影响观赏。饲养金鱼时应尽量避免鳞片脱落。

7. 眼

　　金鱼的眼变异很大，除草金鱼为正常眼外，其他因品种不同分为龙睛眼、望天眼、蛤蟆头眼和水泡眼四种。凡眼睛长在头部两侧当中，呈圆形且角膜透明，为正常眼；龙睛眼的眼球很像算盘珠凸于眼眶之外，显得特别大；望天眼的眼球也膨大凸出，且向上反转90°，直朝天空，故名望天眼；水泡眼眼球正常，但眼眶中充满液体，形成半透明泡状外凸于头的两侧，很像戴着两个气球；蛤蟆头眼金鱼的头形似蛙，眼球正常，只是眼眶中的半透明液体较少，形成的凸起小于水泡眼，故又称"小水泡眼"

（图 1-4）。

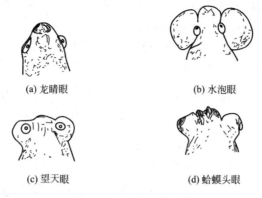

(a) 龙睛眼　　　　　(b) 水泡眼

(c) 望天眼　　　　　(d) 蛤蟆头眼

图 1-4　金鱼眼睛的变异

8. 鼻

位于眼的前上方，左右各一个鼻孔，鼻孔中间有一皮肤褶把鼻孔分成前后两部分。绒球品种的金鱼就是其鼻膈膜变异而特别发达，形成一束肉质小叶凸于鼻孔之外像绒质的两个花球而得名，有的还呈四球，更显别致。

9. 口

位于头的最前端，变异不大，只是有的金鱼颊部的肉瘤特别发达，凸出较多、较大，显得口向内凹陷而与一般金鱼的口有些异样，如红狮子头龙睛等。

10. 鳃盖

金鱼的鳃盖分为正常鳃盖和翻鳃两种。正常鳃盖是能与鳃孔闭合的，可以起到保护鳃瓣的作用。有些品种主鳃盖骨和下鳃盖骨游离的后缘由内向外反转，从而使部分鳃丝裸露于鳃盖之外，称为翻鳃。

（二）内部器官

1. 骨骼

金鱼的主轴骨骼包括头骨、脊椎骨和肋骨；附肢骨骼包括鳍条骨和肩带骨。不过金鱼因品种不同，所以脊椎骨数量不一，一般在 23～30 个之间，它比鲫鱼脊椎骨要少3~9个。而且金鱼的头骨逐步从扁狭形发生了变异，成为今天的圆桶形、平宽形和尖头形。由于金鱼栖息环境的变化，它的肌肉相对于鲫鱼已有衰退趋势。

2. 脏腑

金鱼的脏腑有心脏、脾脏、肝脏、肾脏、鳔、食道、胃、大肠、肛门、鳃、输精（卵）管、生殖腺、输尿管（图1-5）。

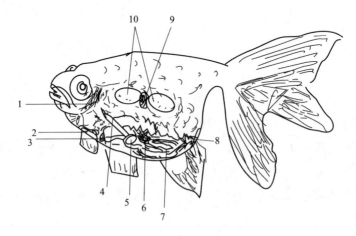

图1-5　金鱼的内部器官

1—鳃；2—心脏；3—脾；4—食道；5—胃；6—肝；7—肠；

8—输尿管；9—肾脏；10—鳔

二、金鱼的生活习性

金鱼是由鲫鱼演化而来，属于淡水温水性鱼类，终身生活在水中，水质的好坏决定其生存和生长。

1. 气候

主要包括温度、光照、湿度、降水量、风、雨（雪）等物理因素，它们都不同程度地影响到金鱼的生活。而对金鱼的生活有直接影响的主要是温度，因为饲养金鱼的水体都比较小，气候的变化能很快影响到水温的变化，水温的急剧升降，常会引起金鱼的不适应或生病，甚至死亡。这说明金鱼对水温的突然变化很敏感，尤其是幼鱼阶段更加明显。虽然金鱼在温度为 0~39℃的水体中均能生存，但在此范围水温中，如果水温突变幅度超过 7~8℃，金鱼就易得病，如果突变幅度再大，就会导致金鱼死亡。因此，在气候突然变化或者金鱼池换水时均应特别注意水温的变化。

金鱼生活的最适水温为 20~28℃，在此温度范围内，水温越高，金鱼的新陈代谢越旺盛，生长发育也就越快。这时的金鱼游动活泼、食欲旺盛、体质壮实、色彩艳丽，因此，养殖金鱼时要尽可能地将水温控制在 20~28℃这个范围内。

2. 水化因子

（1）溶解氧　金鱼生活在水中，靠水中的溶氧生存。水中的溶氧浓度过低，金鱼就会出现浮头现象，严重缺氧时，就会窒息死亡。一般金鱼对溶氧浓度的要求在 0.4 毫克/升以上，而最低也要在 0.1~0.13 毫克/升之间，低于 0.1 毫克/升时，金鱼就会全部死亡。水中的溶氧浓度受各种外界因素的影响而时常变化着。一般夏季日出前 1 小时，水中溶氧浓度最低，在下午 2 时到日落前 1 小时，水中溶氧浓度最大。冬季一般变化不大。水中的溶氧浓度还受水中动植物的数量、腐殖质的分解、水温的高低、日光的照射程度、风力、雨水、气压、空气的湿度、水面与空气接触面积等因素影响而变化。

（2）二氧化碳　养殖金鱼池中二氧化碳的主要来源是金鱼和浮游生物等自身的呼吸和其排泄的粪便等污物氧化作用的产物，其浓度与溶氧一样，也有明显的昼夜变化，只是其消长情况与溶氧正好相反，且水体中的氧化作用越频繁，二氧化碳就积累越多，故二氧化碳的浓度可间接指示水体被污染的程度。水体中二氧化碳的浓度偏高，会降低金鱼体内血红蛋白与氧的结合能力，在这种情况下，即使水体中溶氧的含量也不低，金鱼也会发生呼吸困难。一般来讲，水体中二氧化碳的浓度达 60 毫克/升以上，就会危及金鱼的正常生长发育。

（3）酸碱度　一般地讲，酸碱度即 pH 值在 5.5~9.5 这个范围内金鱼都能生存，但以 pH 值在 7.5~8.5 为最适范围。在金鱼池中 pH 值偏高时，金鱼的活动能力减弱、食欲降低，严重时会停止生长，即使在溶氧丰富的情况下也易发生浮头现象，当然 pH 值过低也会使金鱼死亡。

（4）硬度　金鱼能在低硬度或中性的水中生活和繁殖。

3. 食性

根据金鱼对食物的喜好程度可将其食性分为植物食性、动物食性和杂食性，多数金鱼是杂食性。

第三节　金鱼的分类和品种

一、金鱼在分类学上的位置

我国鱼类学家伍献文教授在其 1979 年编著的《中国鲤科鱼类志》中的鱼类分类学系统中指出，金鱼的分类学地位是动物界、脊椎动物门、有头亚门、硬头鱼纲、真口亚纲、鲤形目、鲤科、鲫属、金鱼种。

二、金鱼的品种

金鱼是经过不断驯化、培育而形成的，到现在已发展为 300 多个品种，通常我们把金鱼分为四大类即草种、文种、龙种、蛋种。

（一）草种鱼

草种鱼是金鱼的原始种类，与金鱼的祖先——金黄色鲫鱼的体形和生活习性都非常相似，是目前大面积观赏水体中的主要金鱼品种，也是适合在池塘中养殖的最主要的品种之一，当然也是金鱼中最古老的一种。代表品种为草金鱼，主要特征是身体侧扁，呈纺锤形；有背鳍；胸鳍呈三角形，长而尖；扁尖头；小眼睛；体形和鳍形与一般鲫鱼相似。主要品种和特征为：

（1）金鲫　金鲫是草种鱼中的代表品种之一。它的主要特征是身体侧扁，呈纺锤形；尾鳍较短，而且是单叶尾，尾部呈凹形；全身均为橙红色，呈现出金子般的颜色，是最古老的金鱼品种。

（2）草金鱼　这是草种鱼中最主要、最典型的品种，直接起源于金鲫鱼。它的主要特征是身体侧扁，呈纺锤形；尾鳍较长，一般是双叶或三叶，不分开，呈燕尾形（即双叶）或菱角形（即三叶）；背、腹、胸、臀鳍都很正常。体质强健、适应性强、食性广、容易饲养，适合于公园及天然水域中大面积饲养，也是池塘养殖的主要观赏鱼品种之一。

（3）红白花草金鱼　这种金鱼的特点是身体侧扁，呈纺锤形；尾鳍较短，一般是单叶尾，呈凹尾形；头部和身体上主要有红、白两种颜色。

（4）燕尾草金鱼　这种金鱼的特点是体短而尾长，尾长一般都能超过身长的一半，尾鳍后面分叉了，就像是燕子的尾巴一样，故名燕尾。饲养这种观赏鱼的优点是它们性情活泼、易饲养。它是比草金鱼进化程度更高级一些的鱼种，是由古时输往海外的双尾金鲫鱼原始类型发展而来的。在花色上，除红与白以及红白相间的红白花外，还有透明状态的玻璃花和多种颜色并存的五花等。

（二）文种鱼

文种鱼是由草种鱼经过家化驯养和不断地选种改良后演化而来的，主要特征是体形短而圆；眼球正常；头尖；各鳍都很发达，鳍部较长；尾巴较大，尾鳍分叉多在四叶以上；俯视鱼体，犹如"文"字，故名文种鱼。体色多为红色、红白相间、紫色、蓝色、黄色、五色杂斑等。文种鱼的花色变化是比较多的，目前有50余个品种，其中大部分是国际上声誉很高的畅销品种。帽子（也称高头）和珍珠是文种鱼中的代表品种。比较名贵的变异品种有帽子翻鳃（或叫高头翻鳃）、帽子绒球、帽子球翻鳃（或叫帽子鳃翻球）和红龙睛珍珠、五花龙睛珍珠以及红珍珠翻鳃水泡。

文种鱼的性状变异主要有体呈三角形的文鱼、头部有肉瘤的狮子头、鳞片发生变异的珍珠鳞等。一般我们将文种金鱼分为七大类：头顶光滑的文鱼；鳞片变异的珍珠；头顶部具有肉瘤的为高头型；头顶肉瘤发达包向两颊，眼陷于肉内的为虎头型；鼻膜发达形成双绒球的为绒球型；鳃盖翻转生长的为翻转型；眼球外带半透明的泡为水泡眼型。它们的色彩更为繁多，形成久盛不衰的特色品种。具体的文种金鱼品种及特征如下。

1. 高头

亦称帽子。特征是体短且圆；头部较宽；头顶上生长着肉瘤，就像草莓一样。头部的肉瘤由数十个块状小软质肉瘤组成，外观膨大丰富，根据肉瘤的生长部位和发达程度来分，可分为狮子头型和鹅头型。其中狮子头型的肉瘤生长的范围大，除头的顶部外，还下延至两侧颊颌部，就像狮子的头部一样。如果肉瘤仅在头的顶部，形似鹅头一般，那就叫鹅头型。依其主要品种的形态特征可分为：

（1）红狮头　头大腹圆；四开大尾，尾鳍宽大如同裙子展开一样；头上生长有肉瘤，丰满并包裹着两颊和眼睛；鳃盖、鼻膈正常；体红色。

（2）紫狮头　头大腹圆；四开大尾，尾鳍宽大如同裙子展开一样；头上生长有肉瘤，丰满并包裹着两颊和眼睛；鳃盖、鼻膈正常；身体的颜色为紫色。

（3）蓝狮头　头大腹圆；四开大尾，尾鳍宽大如同裙子展开一样；头上生长有肉瘤，丰满并包裹着两颊和眼睛；鳃盖、鼻膈正常；身体的颜色为蓝色。

（4）白狮头　头大腹圆；四开大尾，尾鳍宽大如同裙子展开一样；头上生长有肉瘤，丰满并包裹着两颊和眼睛；鳃盖、鼻膈正常；身体的颜色为白色。

（5）红白花狮头　头部生有草莓状肉瘤，具有狮子头的特征，只是体表花纹由大小和形状不规则的红白色斑块组成，对于红白斑块的大小和位置没有严格要求。

（6）紫蓝花狮头　除体表的花纹颜色呈紫色，不同于红白花狮头外，其他特征与红白花狮头相同。

（7）墨红花狮头　基本特征和红白花狮头是一样的，只是其体表花纹是黑红相间的，故称墨红花狮头。

（8）五花狮头　头上有肉瘤堆，丰满并包裹着两颊和眼睛；鳃盖正常，鼻膈正常。顾名思义，五花狮头的体色一般有五种颜色，有的以红为底色，镶有蓝、白、黄、黑各色斑点；或以蓝色为底，镶有白、红、黄、黑各色斑点，其中以蓝底镶红、黄斑点比例大的最为悦目，至于各种颜色及斑点的数量和分布的部位因个体不同而有变化。

（9）软鳞红白花狮头　这种鱼是金鱼中的珍贵品种，主要特征是鳞片是一种软鳞，呈现出薄薄且娇嫩的样子，这是由于鳞片上缺乏反光质而呈透明状；全身都有红、白斑块分布，和红白花狮子头的斑纹一样；两眼乌黑闪亮。

（10）红头高头　商品名字为鸿运当头，非常吉祥。由于它的身躯呈银白色，就像白雪一样洁白，仅头顶部的肉瘤为红色，非常像丹顶鹤头上的一顶红冠，所以又得名鹤顶红。在金鱼爱好者的心目中它是幸福、吉祥、福寿双全的象征，深受人们喜爱，具有美好的寓意。

（11）黄头高头　仅头部的肉瘤堆为黄色，身躯白色，也是一个漂亮珍贵的品种。

（12）黑白狮头　基本特征同红白花狮头，只是它的体表花纹是黑白相间的，花纹的位置和斑块的大小并没有特别要求。

（13）红头紫狮头　又名朱顶紫罗袍或朱顶紫龙袍。它是由紫帽子改良变异而成，身躯呈深紫色，仅头顶肉瘤部分鲜艳亮丽，非常美丽。游动时，形态端庄文静、雍容华贵，也是金鱼中的珍贵品种。

（14）红黑白狮头　头部草莓状肉瘤洁白如玉，身躯花纹红黑相间，整体看上去就是红、白、黑三色共存。

（15）白顶红狮头　又名玉顶帽子、玉顶高头或玉印头，这种品种非常稀少，很名贵，培育很难，遗传变异性较大，由红帽子变异而成。全身通红，仅头顶正中生长有银白色肉瘤堆，就像一块方正的玉印，故得名。

（16）墨狮子头　这是金鱼中的精品之一，也是由帽子变异而成。头部生长肉瘤发达，因酷似威武雄狮又遍体乌黑而得名。肉瘤显得非常厚实，很有稳重感，且从头顶部直接下延至两颊颌及鳃盖，常使嘴、眼凹陷于肉瘤之中。

（17）红高头球　头部具有明显的高头特征，肉瘤堆非常丰富；鳃盖正常；鼻膈呈绒球状；头和身躯均为红色。

（18）紫蓝高头球　除头部有肉瘤堆、鳃盖正常、鼻膈呈绒球状外，体表还具有紫蓝相间的不规则斑纹。形态端庄，其色颇为秀雅。

（19）红高头翻鳃　又叫红帽子翻鳃。头部具有肉瘤堆，鳃盖翻转，鼻膈正常，通体红色。

（20）红头高头翻鳃　又称翻鳃红头帽子，除体色与红帽子翻鳃不同外，其他特征均相同。

（21）红高头翻鳃球　也称红帽子球翻鳃或红翻鳃帽子球。头部具有肉瘤堆，鳃盖翻转，鼻膈变异呈绒球状，通体红色。

（22）红白花高头球翻鳃　也叫红白花翻鳃帽子球。体表红白相间不规则斑纹，头部、鳃盖、鼻膈膜变异特征同红翻鳃帽子球。

2. 珍珠

又称珍鳞。这种鱼的最大特点就是鳞片粒粒晶莹，如同珍珠一般，所以得名为珍珠鱼。它的特点是头尖而腹部膨大；体短而圆，形似橄榄；鳞片呈半月形，像珍珠一般。珍珠有球型、橄榄型两类，还有大尾和短尾之区别。球型珍珠具有独特的体形，头小而尖，各鳍均短小，故鱼体近似圆球，是珍贵品种。珍珠鳞金鱼最初被认为是鳞片疏松而引起的金鱼患病。珍珠鳞片是一种含有较多钙质的鳞片，所以比普通的鳞片要硬，依其主要品种的形态特征可分为：

（1）红珍珠 红珍珠有朱红和橙红两种之分。色彩鲜艳；鳞呈白色或米黄色突起，形似珍珠，排列整齐；形态鲜丽俊俏。

（2）紫珍珠 鱼体紫色，闪耀着深褐色或紫铜色光泽，珠鳞淡黄色，两色相映，风貌古色古香，很是高雅。

（3）黑珍珠 具有珍珠鱼的基本特征，只不过体表颜色为黑色。

（4）黄珍珠 具有珍珠鱼的基本特征，只不过体表颜色为黄色。

（5）白珍珠 具有珍珠鱼的基本特征，只不过体表颜色为白色。

（6）蓝珍珠 具有珍珠鱼的基本特征，只不过体表颜色为蓝色。

（7）红白花珍珠 具有珍珠鱼的基本特征，只不过体表颜色由红白相间之不规则的斑纹所组成，而称红白花珍珠。

（8）五花珍珠 具有珍珠鱼的基本特征，只是体表颜色由红、白、黄、蓝、黑不规则之斑纹组成，故而称五花珍珠。

（9）红珍珠龙眼 也称红臌眼珍珠或红龙眼珍珠，除具红珍珠鱼的基本特征外，还具有眼球膨大突出于眼眶之外的龙眼特征。

（10）墨珍珠龙眼 亦称黑龙眼珍珠或黑臌眼珍珠，其他特征与红珍珠龙眼是一样的。

（11）五花珍珠龙眼 它的特征与红珍珠龙眼鱼是一样的，只是体表有五种颜色并存，这几种色彩杂在一起，也非常漂亮。

（12）软鳞红白花珍珠 具软鳞、珍珠鱼的基本特征，体表具红、白相间之不规则花纹。

（13）软鳞五花珍珠 基本特征与软鳞红白花珍珠一样，只是体表之杂色斑纹由五种颜色组成。

（14）五花珍珠翻鳃龙眼 这种鱼是比较特殊的，有时也被认为是病态的金鱼，它同时具五花、珍珠、翻鳃、龙眼的一些基本特征。

（15）红珍珠翻鳃水泡　又称为红水泡珍珠翻鳃，这种金鱼具有珍珠、翻鳃、水泡等几种金鱼的特征，奇形异态，体色鲜红，珠鳞米色，非常醒目，深受人们的喜爱。

（16）红白花珍珠帽子　具红白花、珍珠、帽子等金鱼的特征。

（17）五花珍珠帽子　除色彩如五花外，其他特征与红白花珍珠是一样的。

（18）红光背珍珠　又称红蛋珍珠，无背鳍，鳞呈乳突状，全身红色，非常有特色。

3. 文鱼

金鱼中的古老品种，直接起源于黄金鱼。头尖，腹部膨大而体短，生有正常鳞片，背鳍高耸，尾鳍长、大，全身通红。代表品种有红文鱼、红白文鱼、五花文鱼。

（三）龙种鱼

古往今来，龙种金鱼一直被视为"正宗"的中国金鱼，是中国金鱼的代表品种，也是我国金鱼养殖和赏玩的主要品种之一，它因有一双特大的眼睛而闻名。自1895年传入日本后，一直称为中国金鱼。龙种金鱼的主要特征是体形粗短；头平而宽；各鳍发达；尾鳍四叶；眼球形状各异，有圆球形、梨形、圆筒形及葡萄形，但是所有龙种金鱼的眼睛都膨大突出于眼眶之外，似龙眼，故而得名龙眼。鳞片圆而大；臀鳍和尾鳍都成双而伸长；胸鳍长而尖，呈三角形；背鳍高耸。在花色上有龙眼、玛瑙眼、葡萄眼、算盘珠眼、红龙睛、紫龙睛、蓝龙睛、朝天龙和朝天龙水泡眼等。

龙种金鱼分为七大类型：头顶光滑的为龙睛型；头顶部具有肉瘤的龙睛高头型；鼻膜发达形成双绒球的为龙球型；鳃盖翻转生长的为龙睛翻鳃型；眼球微凸、头呈三角形的为蛤蟆头型；眼球向上生长的为朝天龙型；眼球角膜突出的为灯泡眼型。龙种金鱼有50余个品种，名贵品种主要有凤尾龙睛、黑龙睛、喜鹊龙睛、玛瑙眼、葡萄眼、水泡眼等。因其眼睛特大，在幼鱼期就能辨别。其凸出的眼眶是寄生虫的理想寄生地，最容易受细菌感染或遭机械性损伤，眼球一般脱落或受伤，即失去原有的观赏价值。因此我们在进行池塘养殖时，要注意对寄生虫及其卵的及时杀灭，在日常饲养中要及时巡塘，发现情况及时处理。按龙种金鱼的形态特征分，有如下主要品种：

1. 龙睛

（1）红龙睛　是龙种鱼的代表，也是龙种鱼中最普通的品种。具有龙种鱼特征，全身都是红色，故得名。

（2）墨龙睛　具有龙种鱼的特征，通体乌黑。因为黑色是严肃、庄重的象征，故颇受赞扬和重视，有"黑牡丹"和"混江龙"的美称。好的品种乌黑闪光，像黑绒墨缎。有的个体经过 2～3 年的饲养后会自然地褪色成为红龙睛，这就不是佳品。

（3）墨蝶尾　具有龙睛鱼特征，唯独尾似蝴蝶，全身乌黑，故称墨蝶尾。是近几年来颇受青睐的珍贵品种。

（4）五花蝶尾　体表具五种颜色集成的杂斑，其他特征同墨蝶尾。

（5）紫龙睛　整个鱼体呈紫铜色，若饲养得当，还能发出耀眼的紫铜色金属光泽，否则易褪色为红龙睛，有的甚至会呈病态白紫色。该鱼系由龙睛鱼体内黄色素细胞增多、黑色素细胞减少而变异来的，是较为珍贵的品种。

（6）蓝龙睛　系龙睛鱼体内黄色素细胞消失而形成的，有浅蓝、深蓝色之分。游动时，鳞片会闪闪发光，姿态恬静、素雅、优美，颇受人喜爱。

（7）红鳍白龙睛　具龙睛鱼的特征，体色为白色，鳍为红色，故得名。还有人认为此鱼体色不纯，背鳍又不红，而称其为红白花龙睛。

（8）五花龙睛　是由透明鳞的金鱼与各色龙睛鱼杂交而形成的品种，大部分为透明鳞片，小部分为正常鳞。头部、体部的色彩必须有红、黄、黑的斑点。体色有的以红色为底色，镶有其他色彩的斑点，光灿夺目，游动时犹如飘动的彩绸。其基色为蓝色的品种更为珍贵。

（9）紫蓝花龙睛　具龙种鱼特征，是以紫龙睛和蓝龙睛杂交而成的品种。体色以蓝色为底色，镶有不规则的褐色斑纹，素而不淡，颇具风格。

（10）红白花龙睛　具龙种鱼特征，体表分布不规则的红白相间的斑块而得名。

（11）十二红龙睛　身体银白，独以四叶尾鳍、两片胸鳍、两片腹鳍、两个眼球和背鳍、吻等十二处呈红色而得名。其色白得洁、红得艳丽，美丽无比，是龙睛鱼中最为罕见的品种，极难培养，故也非常珍贵。

（12）喜鹊花龙睛　鱼体以蓝为基色，头、吻、眼球、尾鳍则均为蓝中透黑、隐若有光，腹部银白鲜亮，其图案黑白分明，酷似喜鹊之色彩而得名。其姿态俊俏动人，在饲养过程中易褪色，故以其色彩稳定者为上品。其变异品种有喜鹊花龙睛球和喜鹊花帽子等。

（13）熊猫金鱼　是由墨蝶尾培育而成的。身体较短而圆，尾鳍蝴蝶状，除腹部两侧各有一块银白色斑块外，头、眼、胸鳍、腹鳍、臀鳍、背鳍和尾鳍均为黑色，有的眼睛圈围还有道白圈，黑白分明，以酷似熊猫而得名。其姿态憨厚而端庄，甚招人喜爱。该品种由福建省农业科学研究院用现代先进科学技术于1987年培育而成，在国际市场上享有盛誉，供不应求。

（14）透明鳞龙睛　也称软鳞龙睛，有背鳍，鳞片透明，颜色多为红色、白色。

（15）红龙背　无背鳍，瞳孔侧向，鳃盖、头部、鼻均正常，头、体均为红色。

（16）红头龙睛　身躯洁白如银，头部朱红如血，红、白鲜艳悦目；背鳍高耸；尾长而大；游动时姿态柔软、飘忽而美丽，真是婀娜多姿。

2. 龙睛球

具龙睛和绒球的特征，鼻中膈特别发达，凸出于鼻孔之外，形成两个肉瓣状的绒球，在游动时左右摇摆，十分动人，是各色龙睛球的统称。

（1）红龙睛球　是红龙睛的变异种。头部正常，鼻膈膜变异呈绒球状凸于鼻外，似顶着两个绒球，其姿态优美可爱，球的颜色与体色一样为红色。

（2）墨龙睛球　是墨龙睛的变异种，除体色为黑色外，其他同红龙睛球。

（3）紫龙睛球　是紫龙睛的变异种，体色为紫色，其他同红龙睛球。

（4）蓝龙睛球　是蓝龙睛的变异种，体色为蓝色，其他同红龙睛球。

（5）紫蓝花龙睛球　是紫蓝花龙睛的变异种，除鼻膈膜变异为绒球外，其他特征同紫蓝花龙睛。

（6）红白花龙睛球　是红白花龙睛的变异种，鼻膈膜变异为绒球状凸出于鼻外，体表有红、白二色不规则的斑纹分布。

（7）五花龙睛球　是五花龙睛的变异种，故其特征基本同五花龙睛，只是鼻膈膜变异为两个绒球凸出于鼻之外，故称五花龙睛球。

（8）喜鹊花龙睛球　是喜鹊花龙睛的变异种，故其特征同喜鹊花龙睛，只是鼻膈膜变异为两个绒球凸出于鼻外，故称喜鹊花龙睛球。

（9）朱球墨龙睛　其绒球与体色不一，全身乌黑，头前顶着两个鲜艳的红色绒球，显得雍容华贵，是龙睛球中最名贵的品种。

（10）四球龙睛　具龙睛球特征，只是鼻膈膜变异为四个球凸出于鼻孔之外，故得名四球龙睛。其体色与绒球的颜色相同，但也有不一致的。

（11）红龙背球　除鼻膈膜变异为绒球凸出于鼻孔外，其余特征同红龙背。

3. 龙睛高头

又称臌眼帽子或龙睛帽子。两眼之间的头顶部分生长有肉瘤堆，似草莓状，以肉瘤发达厚实、位置端正为好。根据它的颜色，可以分为紫、蓝、红、白、红白花、紫蓝花、墨红花、朱砂等品种。

（1）墨龙睛高头　亦称黑臌眼帽子或墨龙睛帽子。全身乌黑；眼球膨大突出于眼眶之外；两眼之间的头部有草莓状的肉瘤，以厚实发达、位置端正者为上品。

（2）紫龙睛高头　其特征同龙睛高头，只是体色为紫铜色，故称紫龙睛高头。

（3）红龙睛高头　其特征与龙睛高头相同，只是通体为红色，故称红龙睛高头。

（4）蓝龙睛高头　其基本特征同龙睛高头，只是躯体为蓝色，故称蓝龙睛高头。

（5）白龙睛高头　其基本特征同墨龙睛高头，只是体色为白色，故称白龙睛高头。

（6）红白花龙睛高头　又称红白花臌眼帽子。其基本特征与龙睛高头基本相同，只是体色为红色、白色，二色呈不规则斑纹分布于全身，故称红白花龙睛高头。

（7）紫蓝花龙睛高头　其特征与龙睛高头相同，只是体色紫蓝色，呈花纹分布于全身。

（8）墨红花龙睛高头　特征同龙睛高头，只是体色黑、红相映，外貌端庄华贵，颇受人们喜爱。

（9）朱砂眼龙睛白高头　特征同龙睛高头，只是体色银白，头、鳍黄色，眼呈朱红色，非常淡雅、醒目，是珍品之一。

（10）红白龙睛高头　其特征基本同红白龙睛，是红白龙睛头部变异之品种，即头部具有肉瘤堆，呈红色，体呈白色，显得娇嫩艳丽，很是醒目，引人喜爱，亦是珍品。

（11）红龙睛虎头　其特征基本上与红龙睛帽子相同，只是其头部之肉瘤发达，除头顶部被肉瘤包裹着外，还下延向两侧之颊颌，致使口边被包裹而显得有些凹陷。

（12）红龙睛狮头　其特征基本同红龙睛虎头，只是肉瘤更为发达，隆起得更为厚实。

（13）墨龙睛狮头　特征同红龙睛狮头，只是全身乌黑似缎，端庄好看，亦被视为珍品。

（14）红龙睛帽子球　与红龙睛帽子特征相同，只是鼻膈膜变异为绒球状外露。

4. 龙睛翻鳃

（1）红龙睛翻鳃　具红龙睛特征，只是鳃盖向外翻转，部分鳃丝露出，红色夺目，被视为珍品。

（2）墨龙睛翻鳃　除具有黑色体色外，其他特征同红龙睛翻鳃。

（3）蓝龙睛翻鳃　除具有蓝色体色外，其他特征同红龙睛翻鳃。

（4）五花龙睛翻鳃　由蓝龙睛变异而成之品种，其特征与红龙睛翻鳃相同，只是体色具五花斑纹。

（5）红龙睛球翻鳃　也称红龙睛翻鳃球，是龙睛翻鳃的变异品种，即除具有龙睛翻鳃之特征外，鼻膈膜变异呈绒球状凸出于鼻孔之外。头、体和尾鳍颜色均为红色。

（6）紫龙睛球翻鳃　也称紫龙睛翻鳃球，其特征同红龙睛球翻鳃，唯通体紫色，故称之。

（7）蓝龙睛球翻鳃　除身体为蓝色外，其特征同红龙睛球翻鳃。

（8）墨龙睛球翻鳃　除体色为黑色外，其他特征同红龙睛球翻鳃。

（9）五花龙睛球翻鳃　除体色具有五种颜色斑纹外，其他特征同红龙睛球翻鳃。

（10）红头龙睛帽子翻鳃　有背鳍；鼻、鳞片正常；鳃盖向外翻转，部分鳃丝裸露在外；头上具有肉瘤堆，呈草莓状，色红；鱼体银白色，故称红头龙睛帽子翻鳃。

（11）红龙睛帽子翻鳃　具龙睛帽子特征，但鳃盖向外翻转，部分鳃丝外露，头、体均为红色。

（12）红白花龙睛帽子翻鳃　其特征同红龙睛帽子翻鳃，只是头、体颜色具红、白二色不规则花纹。

（13）红龙睛帽子球翻鳃　除具有红龙睛帽子翻鳃特征外，就是鼻膈膜变异呈绒球状凸出于鼻孔之外。

以上几种龙睛球翻鳃，均同时具有几种鱼的特征，特别是五花龙睛球翻鳃，是集五花、龙睛、绒球、翻鳃四个品种特征于一体的，颇受人们的喜爱，极为珍贵。

5. 朝天龙

（1）红望天　亦称红朝天眼、红望天龙、红朝天龙等。是龙睛鱼的眼球向上转90°角、瞳孔朝上、背鳍消失的变异品种。其眼圈晶亮无比，观鱼时，有先见其睛之妙。因为有仰望天子（皇帝）的寓意，是清朝宫廷中最受宠爱的品种之一。望天金鱼之所以眼睛会朝天，一种说法是由金鱼的基因突变而来，另一种说法是由于清朝宫廷中采用深水缸饲养，将深水缸的四周蒙上黑布，让金鱼完全处于一种黑暗的环境中，然后在缸的上部开一个小孔，从小孔中透射进来一丝亮光，这样会导致金鱼趋光而来，时间长了，它们的眼睛就形成了望天这一奇特的景象。

（2）蓝望天　是望天鱼依体色来分类的又一品种，是近几年才培育出来的品种，比其他颜色的望天更受欢迎。

（3）红白花望天　全身具望天之特征，唯体色具红、白两色之斑纹，因而得名。

（4）朱鳍白望天　其特征与红望天不同之处是，鱼体色洁白如玉且闪光，再加上吻、眼球和各鳍均为红色，红白相映，十分清新美丽，可与十二红龙睛争艳，此品种较难见到。

（5）红望天球　为红望天之变异种，主要特征是鼻膈膜变异呈绒球状凸出于鼻孔之外。

（6）五花望天球　特征同红望天球，只是其体色有五种颜色，故称五花望天球。

(四) 蛋种鱼

蛋种金鱼体形短而肥圆，头钝，形似鸭蛋而得名。主要特征是绝大多数无背鳍，背部平滑而呈弓形，最高点在背脊的中央，其他各鳍也短小，有成双的尾鳍和臀鳍，鳍的长短和形状差异较大。一般丹凤、翻鳃、红头等的鳍较长、大；绒球、水泡、虎头等的鳍短小而圆，但也有个别的品种例外，如大尾虎头等尾鳍的长度往往超过体长。蛋种金鱼的生命力较龙种、文种金鱼要强，生长速度快。蛋种金鱼有 60 余个品种，其中的品种如寿星头等，是国际市场上的名品。文种金鱼中的大部分性状在蛋种金鱼中都有相似的变异出现。

1. 水泡

眼具有水泡，即在眼球周围生长出一个内含液体呈半透明状的水泡，因此得名"水泡眼"，水泡的泡膜很薄，清晰欲穿，像两只球分别挂在鱼头两侧。在各种金鱼的特征变异中，尤以眼睛的变异最为丰富。水泡金鱼在京、津两地，古时的叫法是轱辘线眼、托眼，是出现比较晚的一个品种。水泡眼金鱼以扬州出产的最为有名，古有"扬州水泡如皋蝶（尾），南通珍珠苏州狮（头）"之说。

（1）红水泡　体色为红色的水泡金鱼。

（2）蓝水泡　除体色为蓝色与红水泡不同外，其他特征均同。

（3）黄水泡　除体色为黄色外，其他特征同红水泡。

（4）银水泡　除体色为银白色与红水泡不同外，其他特征均同。

（5）紫水泡　除体色为紫色外，其他特征均同红水泡。

（6）墨水泡　是各色水泡中较为珍贵的品种。其颜色乌黑如墨，两个水泡的颜色也与体色一致，鳞大而圆，各鳍长度适中。抢食时，游动较快，水泡活动也很灵活，好似乌龙戏水。

（7）红白花水泡　其基本特征同红水泡，只是本色为红白相间，形成各样花纹图案。

（8）紫蓝花水泡　除体色为紫蓝花外，其他特征均同红白花水泡，是近年来新培育的又一名贵品种。

（9）五花水泡　除体色具五色花纹外，其他特征均同红白花水泡。

（10）高鳍蓝水泡　与蓝水泡的主要区别是它有背鳍，故称为高鳍蓝水泡。

（11）朱砂水泡　通身洁白，两只水泡眼呈鲜红和橙红色，故称朱砂水泡，还有"玛瑙眼""琥珀眼"的美称，是特别淡雅俏丽的一个品种。

（12）红玉印水泡　体洁白，两水泡间之头正中生有朱红色草莓状肉瘤，似镶上一块方方正正的红玉印而得名，是极难得的珍稀品种。

（13）软鳞红白花水泡　除鳞片为软鳞外，其他特征均同红白花水泡，故也有称红白花水泡的。

（14）小水泡　眼球处长出的水泡中半透明液体极少，仅能将水泡充胀呈小的突起。故在检索时，称眼不具水泡，有的称眼具小水泡。其头形似蛙，故又称为"蛤蟆头"。体色以红、蓝、墨三种较常见。

（15）红水泡帽子　与红水泡不同之特征为头上长有草莓状之肉瘤堆。又称红泡鹅头。

（16）墨水泡帽子　除体为黑色外，其他特征均同红水泡帽子。又称墨泡鹅头。

（17）黄水泡帽子　除体为黄色外，其他特征均与红水泡帽子相同。又称黄泡鹅头。

（18）红白花水泡帽子　除体为红白花纹外，其他特征均与红水泡帽子相同。又称红白泡鹅头。

（19）白水泡黄帽子　又称白泡黄鹅头。即体为白色，头顶上之肉瘤为黄色。

（20）白水泡红帽子　又称白泡红鹅头。即体色为白色，头顶上之肉瘤为红色。

2. 绒球

最主要的特征是鼻中膈变异为一对肉质球，绒球有红、白、花色等，体色有红、红白、花斑、五花等，无论是什么品种，均以个大、结实、溜圆、肉质球紧贴鼻孔且左右对称为佳。

（1）蓝绒球　头眼、鳃盖、鳞片正常，鼻膈膜变异呈绒球状，全身均为银蓝色。游动时，尾鳍飘飘，时有亮点闪烁，很耐观赏，久看不厌。

（2）红绒球　与蓝绒球不同处为体呈红色。

（3）白绒球　具蓝绒球特征，只是体呈白色。

（4）紫绒球　体呈紫色，具蓝绒球特征。

（5）四绒球　尖头，眼小，鳃部正常，有背鳍，尾鳍比较大、四开叶，体形短粗，体色较红，最引人注目的是它的鼻孔膜特别发达，形成四朵膨大的球花。

（6）红白花绒球　体上分布有红、白色花纹，其他特征均与蓝绒球同。

（7）五花绒球　又称五花蛋球。通体分布五色花纹，两个绒球的颜色与体色基本一致。宜放养在清净的水体中，以使其鲜艳之五彩斑纹尽入观赏者之眼帘。

（8）软鳞红白花绒球　又名透明鳞红白花绒球，有红白绒球之特点，只是鳞片透明，故称软鳞红白花绒球。

（9）大尾绒球　是绒球鱼中的大尾型之一。同时因尾大且薄，游动时轻飘如裙纱，绒球滚动如摇花，看来极为美丽动人。

3. 虎头

（1）红虎头　是蛋种鱼的又一类型。鳞片、鳃盖和鼻均正常。头部具有发达之肉瘤，且下延至颊颔，但其覆盖之肉瘤较帽子为薄且平滑，在头顶部之肉瘤上隐约可见一"王"字凹纹，显得威武雄壮，又多为红色，故称红虎头。因其头大，游动时像蹒跚行动的长者，乃有年高望重之势，故有的地方称之为"寿星头"，也颇形象。

（2）黄虎头　除体色为黄色外，其他特征同红虎头。

（3）银虎头　除体色为银色外，其他特征同红虎头。

（4）红白花虎头　与红虎头不同之处为全身分布有不规则的红、白色斑块；头部之肉瘤发达，颜色非常鲜艳；眼、口均稍有凹陷。是较畅销品种。

（5）五花虎头　除体色为五色杂斑纹外，其他特征同红白花虎头。

（6）鹅头红　特点是红色仅限于头部之肉瘤堆，很像鹅头而得名。

（7）红眼黄虎头　与以上各种虎头区别为，其黑亮之大眼外有一圈红色彩膜包着，似镶在头部米黄色肉瘤堆中之宝石，非常悦目。鱼体银白色，尾鳍米黄色。是珍品之一。

（8）大尾虎头　鳞片、鳃盖和鼻均正常，尾鳍长度往往超过其体长，头具肉瘤，通体均为红色。

（9）红白花大尾虎头　与大尾虎头不同处是体色为红、白色斑块，其他特征均同。

4. 翻鳃

（1）红翻鳃　无背鳍，臀鳍、尾鳍长、大，体卵圆形。头平而宽，眼正常，鳃盖变异向外翻转，部分鳃丝外露。体色红色。

（2）五花翻鳃　与红翻鳃不同之处主要是体色呈五花斑纹分布于全身，其他特征均相同。是红翻鳃之后培育出来的品种。

5. 红头

又称元宝红、齐鳃红。是于几十年前由红白花蛋鱼中培育出来的品种。其头部平而狭，眼正常，无背鳍，臀鳍和尾鳍较长。全身洁白，唯有头的上半部或整个头部呈鲜红色，艳丽夺目，非常可爱，是比较难得之品种。

6. 丹凤

鳞片、鳞盖、鼻和头部均正常。体短，头平而短狭，双臀鳍、尾鳍特别长、大，薄如蝉翼，很像神话中所形容的凤凰尾，故得名丹凤。其代表品种为红丹凤，也有人称为"丹凤朝阳"，还有黑丹凤也是其代表品种。

（1）红丹凤　体色红色。

（2）黑丹凤　体色黑色。

（3）蓝丹凤　具红丹凤之特征，唯其体为蓝色。

（4）五花丹凤　又名五花蛋鱼，是蛋鱼与透明鳞龙眼鱼杂交而选育之品种。与其他丹凤不同之处为大部分是透明鳞片，小部分为正常鳞片。体色五花，是丹凤鱼中颇受喜爱之品种。

（五）引进的品种

从明朝开始，我国金鱼多次传入日本，现在日本称为和金、琉金、出目金等就是我国的原始金鱼。后来，他们以此为种源培育出很多品种，在国际市场上也享有一定声誉。琉金和兰寿就是日本的畅销品种，也是日本金鱼的代表品种。

（1）琉金　俗称日本文鱼。头小，嘴尖，身短、呈三角形，体高而圆，各鳍长、大，通体均为红色。还有一种是红白花的，俗称为日本红白花文鱼，全身红、白两色均有。

（2）朱文鱼　俗称为五花。是和金与三色龙金杂交而成的，用透明鱼与二尾和金杂交也可得到。

（3）兰寿　是日本公认的名贵品种，被誉为金鱼之王。体型短圆似蛋，无背鳍，体色金黄，肉瘤特别发达。挑选时，以体轴和尾成45°角为宜。

（六）金鱼的名贵品种

金鱼的美必须具备三个条件：形态美、色彩美和运动美。这三个条件，相辅相成，缺一不可，金鱼的名贵品种三个条件兼具。

1. 文种鱼名贵品种

（1）文鱼名贵品种　文鱼中具有绒球性状的称为文球，其名贵品种有红文球；具有翻鳃性状称为文鳃，其名贵品种有五花文鳃；绒球和翻鳃两种性状结合在一起的，称之为文鳃球，其名贵品种有红文鳃球。

（2）高头名贵品种　高头名贵品种有红头帽子、红帽子、黄帽子、紫帽子、紫黄帽子、蓝帽子、五花帽子、朱眼帽子等，其中又以红头帽子（又称红头高头、鹤顶红）最为名贵。红头帽子全身银白，独在头顶上生着红色、厚实、凸起的肉瘤，很有气魄，它的尾鳍很长，游动时似仙鹤飞舞，非常别致。此外，玉印头（白玉红高头）中不乏有肉瘤厚实、白块方正的珍品。

帽子鱼中具有绒球性状的称之为帽子球（高头球），其最为名贵品种要数十二红帽子朱球、红帽子四球；帽子鱼中具有翻鳃性状称之为高鳃，其中以红头高鳃为珍品，此鱼全身银白，唯独头顶部的肉瘤为红色，且鳃盖翻转，裸露出红丝的鳃丝，别具一格。

高头中的狮头类型名贵品种有红狮头、黄狮头、红白狮头、红头狮头。其中以肉瘤厚重、头顶上皱褶出现隐约可见的"王"字纹路者最为名贵。

（3）珍珠名贵品种　其中以红白珍珠、五花珍珠、紫珍珠龙眼、五花龙珠、五花珍珠扇尾最为名贵。珍贵品种还有红珠鳃、紫珠泡等。珍珠鱼游动时，金光闪闪，犹如身披一件珍珠衫，十分奇特炫目。

2. 龙种鱼名贵品种

自古以来，龙种鱼被认为是正宗的金鱼，其中以墨龙睛最受欢迎。其实黑色并不见得美，可是它在各色金鱼中，互相搭配谐调，就显得优雅别致，黑色金鱼珍贵恐怕也在于此。龙睛中名贵品种还有红头龙睛（鹤顶红龙睛）、红龙睛、红白龙睛、紫龙睛、蓝龙睛、透明龙睛、朱眼龙睛等，其中墨龙睛蝶尾、十二红龙睛最为珍贵。

龙睛中具有绒球性状的称为龙睛球，其名贵品种有紫龙球、红龙四球、白龙朱球、白龙四朱球等品种；龙睛中具有鹅头性状的称为龙睛帽子（龙高头），其中以全身银白闪光发亮、头顶上有发达的红色肉瘤的红白龙睛高头最为名贵；龙眼具有翻鳃性状的称为龙鳃，其中以红白龙珠鳃比较名贵。

3. 蛋种鱼名贵品种

（1）一般蛋种鱼名贵品种　如红头、紫蛋鱼、五花蛋鱼，丹凤如蓝丹凤和五花丹凤等品种，以红头最为名贵。红头鱼的头是平头型，全身银白，唯独头部是红色，故称为红头（也称齐鳃红），这种鱼身形秀丽洁净、动作敏捷，给人以清新明快之感，非常可爱，是比较难得的品种。而各色丹凤鱼，由于有一条又大又长的美丽的凤尾，在游动时，尾叶似一缕轻纱，彩色飞舞，姿态美丽，好像传说中的凤凰尾似的。

蛋种鱼中具绒球性状的称为绒球，其中以红绒球、红凤球、紫绒球、五花绒球和五花凤球较为名贵；蛋种鱼中具有翻鳃性状的称为蛋鳃，其中以五花蛋鳃球最为名贵。

（2）虎头名贵品种　虎头的头形与狮头相同，所不同的不在头部，而是在于背鳍，虎头金鱼体圆凸且短。虎头金鱼名贵品种有红虎头（寿星头）、黄尾头、紫虎头、五花虎头、红头虎头、凸眼虎头和大尾红虎头等品种，其中以红头虎头最为名贵。红头虎头的特点是全身银白，唯独头部肉瘤带有红色斑块，其中色块鲜红、肉瘤厚实、中间隐现"王"字纹路的，是比较难得的珍品。虎头中具绒球性状的称为虎头球，其中以红虎头球最为名贵。

（3）朝天眼名贵品种　朝天眼的眼球凸出于眼眶之外，且向上又向前翻转，朝向天空，又称望天眼。其中名贵品种有无背鳍的红朝红、五花朝天两种。朝天眼中以左右眼球平直无高低者为佳品。

（4）水泡眼名贵品种　水泡眼金鱼的特点是眼睛旁具有半透明的大水泡。水泡眼分有完整背鳍和无背鳍两种，前者称鳍水泡，后者称水泡。由于水泡大而薄，游动时，犹如两只大灯笼，一左一右轻摇，鳍尾微动，弄姿作态，体形绮丽，无背鳍的水泡鱼深受人们的欢迎。水泡泡大、左右匀称者为佳品。其中以眼睛为红色的朱眼水泡和水泡为红色、体为银白色的朱泡水泡最为名贵。蓝水泡、红水泡、墨水泡、五花水泡、红白水泡品种较为名贵，供不应求。还有一个名贵品种是四泡水泡，除眼睛旁的两个大水泡外，下颌还带有两个左右对称的小水泡，此品种数量极少，是很有培养前途的观赏品种。

水泡眼中具有鹅头、无背鳍性状的称为泡眼鹅头，其中墨泡鹅头和红白泡鹅头较为名贵。

（5）朝天泡眼　这是近年来培育出来的新品系，它与普通的水泡眼不同，普通水泡眼的眼睛是正常眼，而它的眼是朝天眼，并且眼旁具有大水泡，因而显得比较名贵。

4. 寓意吉祥的名贵金鱼

（1）兰寿　在众多的金鱼品种中，兰寿最受鱼友欢迎。因其体态浑圆丰满、婀娜多姿，加上头顶上的肉瘤，长相特别，又名狮子头兰寿。此鱼整体看呈鸭蛋形，没有背鳍，尾鳍也很短。一般来说，兰寿以头上的瘤长得越大的越好，这与营养吸收和水温有关，同时在饲料上要注意，除搭配多种活饲料餐，要喂一些营养丰富、具有增添颜色作用的添加物的超彩饲料。

鉴别优质兰寿的方法为，从上往下望去，要留意鱼身左右和腹部之圆度是否对称，尾鳍宜短小，但必须开尾，不可两边尾翅相连，也不可卷曲弯折。从侧面望鱼身，在静止时头部略向下垂、尾部略往上翘的为佳。此外，体轴和尾部要成45°角，若鱼背过分隆起或尾部出现奇异弯曲，均属淘汰鱼。

（2）鸿运当头（鹤顶红）　鸿运当头的外形大致与狮子一样，只是头上肉瘤是红色的，身体其他部分则布满银白色鳞片。这种金鱼除名字起得好之外，色彩搭配也颇为不俗，称得上是万白丛中一堆红。

鸿运当头分为三个等级，即鹅头红、一点红和红印。鹅头红最为名贵，肉瘤也是以它最大、最红；一点红肉瘤较小，品质次之；而红印只得一层红色在头顶，并无肉瘤隆起，为第三等。

选购鸿运当头，应以肉瘤堆均匀和没有杂色者为首选，红色则是越鲜越好。其次，鱼身上的鳞片洁白如雪、晶莹剔透的才是上品。鱼身要拱圆丰满，鳍身要挺直，尾鳍要长而散，像舞女的白纱裙。

饲养鸿运当头，要经常喂以鲜红虫，鱼才能保持肉瘤的鲜红色。

（3）遍地黄金（琉金）　遍地黄金又叫琉金，其谐音有留住黄金之意，故其意寓为招财进宝。这一品系最早由日本培育出，在几年前日本举行的一次观赏鱼比赛中夺得冠军，顿时引起一股遍地黄金的热潮。

遍地黄金背部隆起，有如单峰骆驼的背肌那般丰厚，且体色鲜艳夺目，群养时远看犹如金粒在鱼缸内漂浮，故有遍地黄金的美誉。

优质的遍地黄金标准是：身短背隆、鳞有光泽、体形肥壮的为佳。鱼体斑点及色彩要自然、平均，鱼尾长度不应超过身长，头部不要有褶纹。背鳍不要太高，但要劲力挺拔。尾鳍一定要双尾，游行时尾部摇摆适中，若欠缺平衡，多属病态或机能缺陷。另外，双眼一定要一样大，嘴要正，嘴部往上的鱼额微微隆起的为佳。遍地黄金的饲养要注意水质和营养。

（4）珍珠（珠鳞）　珍珠又叫珠鳞、珍珠鳞，特点是身上布满一片片凸起呈半球状的鱼鳞，由于金鱼鳞片中含有反光物质，所以珍珠在灯光下时闪闪生辉。

选购珍珠要特别留意鱼身鳞片是否完整，因为"珍珠"一旦脱落了，再生的鳞片就缺少反光物质，因此就欠缺光泽，价值大减。此外，鳞片越大粒越靓，如玉米般一粒粒隆起的为最佳，但必须排列整齐和不能太疏松。

珍珠可分为有背鳍和无背鳍两大类。有背鳍的如红珠鳞、白珠鳞、蓝珠鳞、五花珠鳞、红白花珠鳞、黑斑珠鳞等；而无背鳍的大多为变种金鱼，珍珠虎睛、五花珍珠龙睛、珍珠虎头和五花水泡珍珠均是。无论何种珍珠，都是以背拱、腹胀和大珍珠的为上品。

（5）狮头（金银顶）　狮头金鱼以头上的肉瘤出名，肉瘤要又高又大且眼与嘴都陷于肉瘤内，其他各鳍舒展、头身比例协调的，才属上品。

狮头的种类非常多，前面介绍的鸿运当头也是狮头中的一种。另外依颜色又分为红白狮头、银狮头、五花狮头、紫狮头、蓝狮头等。红白狮头美在鲜红与皎白互相搭配，而高耸的头部也是欣赏的重点。银狮头这种全身皎白的金鱼个体是极为少见的，尤其在形态上只是以狮头出现。银狮头、红狮头似金、银在顶，寓意吉祥。

（6）龙睛　一般人认为龙睛（日本名出目金）是偶然出现眼睛突出的变种鱼，其实是广东人积年累月反复地挑选淘汰培育出来的品种，左右两眼大大地向旁突出，就是此种金鱼的特征。又大又圆的眼球和鱼体成十字形水平地向左右突出，两眼左右一致、对称，从两个大眼的中央部分，可看到可爱的眼珠。鱼体和琉金比起来，虽然从某一个角度看来，比琉金较宽大，但圆滚滚的腹部，比琉金更显可爱，龙睛身高适中，介乎琉金与和金之间。龙睛配合美妙浑圆的鱼身，使得体形也显得稍为宽润一点，背鳍长到尾筒附近。尾鳍有三瓣的和四瓣的，四尾鳍的龙睛比较多，虽然体形稍大，仍觉美妙出众。体色总体上可分为红、黑、三色三种，各有各的特征美，分别称为红龙睛、黑龙睛、三色龙睛。红龙睛有很多是全条红色的，但有红白相间花纹的红龙睛，却是珍品。黑龙睛的体色，是其他金鱼所没有的特异色调。

普通鳞性的金鱼，在幼鱼初期会有深黑的体色，但不久色素细胞就被破坏排出体外，结果发生褪色现象。但是，黑龙睛的黑色素细胞，不会被破坏，反而会沉淀，所以才有像黑天鹅绒般的光泽体色。而这黑天鹅绒般的体色，必须从背部覆盖到腹部下面，方为合格。我们经常可看见腹部下面有红色的黑龙睛，这种鱼是劣品，所以必须避免用它来做产卵的亲鱼。

三色龙睛是马赛克（斑点）透明鳞性，所以是杂色性，可看见在黑色斑点上有浅蓝、白等色彩丰富的美丽色调和无限的美丽变化。三色龙睛的杂色性，被五花、五花高等的体色所继承，为一般爱好者所欣赏。三色龙睛的体色中掺有又黑又细的墨痣，这些墨痣若太粗大，整体色调看起来会很暗，所以最好是选黑痣细小一点的。鲜黄色占据大部分，且看得见掺有鲜红和白色的鲜艳美丽的色彩、尾鳍有黑斑点或黑条纹的，就可算得上是优质的三色龙睛。

近年来，中国福建培育出一种新品龙睛——熊猫。它是黑白龙睛的培育种、体白、鳍黑中带白、眼圈黑色夹白，酷似可爱的熊猫。

5. 中国最名贵的金鱼——朱顶紫罗袍

朱顶紫罗袍是金鱼中的一个名贵品种，非常稀少。此鱼的外形与紫高头金鱼很相似，具有发达的背鳍，身体、鳍条、尾部均呈深紫色。头部生有肉瘤，肉瘤从头顶部一直向下延伸到下颌部，与虎头金鱼的肉瘤相似。最为奇特的特征是整个头部呈深红色，其色泽鲜红艳丽，红紫两色相嵌，非常醒目又非常美丽。然而其眼睛、鼻膜和嘴部均为黑色，从正面观看，酷似天真活泼的娃娃面孔，所以有人称之为娃娃金鱼。

此鱼是1954年浙江杭州动物园附属金鱼园饲养的众多紫高头鱼群中出现的突变种，最初仅有一尾雄鱼，饲养了12年之久，后因患病，治疗无效而死亡。后来，该园傅毅远高级工程师等专家采用种种杂交方式，经过多年的培养，终于选育成功，并使朱顶紫罗袍这一品种的特征稳定了下来，形成一个新品种。在朱顶紫罗袍繁殖后代的幼鱼中，具有新品种特征的子一代的概率约为0.2%，长大后，真正长成朱顶紫罗袍的就更少了，所以非常名贵。

浙江杭州动物园曾先后两次运送各种名贵金鱼到香港海洋公园的金鱼大观园展出，其中就有朱顶紫罗袍。根据有关报刊的报道，中国香港、澳门的金鱼爱好者对朱顶紫罗袍表现出极大的兴趣，纷纷前往观赏，参观人数之多是历届金鱼展览会首屈一指的，几乎轰动了港澳地区。展厅里一对朱顶紫罗袍（全长15厘米左右，三年鱼），标价竟高达60万港元，成为中国最贵的金鱼，也是世界上最昂贵的金鱼。

最近几年，在上海、苏州、无锡、杭州等地出现了一种金鱼的新品种，金鱼爱好者也称之为"朱顶紫罗袍"。它与正宗的朱顶紫罗袍体形颇相似，但身体大部分是黑色，小部分是紫色，或者身体背部系黑色，而腹部为紫色，头部不是全部为红色，而是带有少量黑斑。这种金鱼饲养到第二年或第三年，身体的多数黑色部分会转变为红色，因此，它不是真正的朱顶紫罗袍。

根据傅毅远先生的经验，培育朱顶紫罗袍与培育其他名贵金鱼一样，水质要清洁，溶氧要充足，溶氧浓度每天保持4毫克/升以上，要求pH7.2以上。每天投喂活饲料如水蚤、摇蚊幼虫（血虫）、水蚯蚓等，另外加喂芜萍。芜萍中含有丰富的维生素和微量元素，是金鱼优良的天然饵料。

第四节 金鱼文化与养殖金鱼的意义

一、金鱼文化

画家以金鱼为题材，描绘出许多生动活泼、富有情趣的金鱼画面。我国历代画家都将金鱼作为绘画作品的主要内容，千姿百态、多彩多色、形态各异的金鱼跃然纸上。近代著名的画家虚谷和尚即以其善画金鱼而闻名，他画的《紫绶金章》的金鱼图成为价值连城的国宝。现代画家凌虚素有金鱼画专家之美誉，1979年，他用了3个月的时间，创作了长达二十四尺、宽一尺的《百鱼图》长卷，这是凌虚的代表作，也是迄今为止规模最大的一幅金鱼画。

许多文人墨客写过不少以金鱼为题材的寓言、童话、小说和诗歌，苏东坡于1089年游西湖时写下了"我识南屏金鲫鱼，重来拊槛散斋余"等诗句。在房屋建筑装饰、器皿以及针织品上也常饰有金鱼图案。这些文字和图案，形象地叙述了我国金鱼发展的历史。科学家也为如此多姿多彩的金鱼变异现象所吸引，产生了浓厚的研究兴趣，对金鱼开展了实验胚胎学、细胞遗传学、发生遗传学和分子遗传学等多方面的科学研究。

金鱼形象的辐射面非常广。金鱼作为一种可爱的形象，许多商品都以其作为商标，如金鱼牌暖水瓶、金鱼牌洗涤灵、金鱼牌铅笔等，还有众多的金鱼工艺品。同时，邮票和挂历上都绘有金鱼。各大公园，都设有金鱼廊或鱼缸，展出各种金鱼，专供游人观赏。

二、养殖金鱼的意义

在我国和世界各地，金鱼和锦鲤早已成为人们点缀和美化生活环境的活的艺术品。许多金鱼爱好者在自己的庭院里、居室水族箱内饲养金鱼，既陶冶了情操，又美化了居住环境，给自己和家人的生活带来喜悦。

1. 是和平、幸福、美好的象征

1954 年，周恩来总理赠送金鱼给亚非国家，中国金鱼乘飞机"出使"各国，成为和平的使者，促进我国与各国人民的友好往来。我国人民在过春节时，都喜欢养一些金鱼或是在年画上画一个胖娃娃怀抱一条大金鱼，年画取意"人财两旺，年年有余"，"鱼""余"之谐音，象征着生活一年比一年好，吉庆有余；而饲养的红虎头球（寿星球）则取延年益寿、福星高照的意思，表达一种良好的愿望。"金鱼满塘"与"金玉满堂"中的"鱼""塘"分别与"玉""堂"谐音，都是喜庆祝愿之词，表示富有。另按古代的文化蕴含，"金"喻为女孩，"玉"喻为男孩，"金玉满堂"即为"儿女满堂"。家庭里饲养一些金鱼在玻璃缸中，配以碧绿水草和假山异石，边置五针松盆景，置于案头，配以灯光，鱼鳞闪闪，清水悠悠，十分优美，令人心旷神怡，其乐无穷。

2. 有陶冶情操的作用

金鱼具有极高的观赏价值，不同品种的金鱼搭配在一起，姿态各异，美妙非常，令人赏心悦目。明朝张德谦在《朱砂鱼谱》中，对观赏金鱼的乐趣，做了非常细致的描述："赏鉴朱砂鱼宜早起，阳谷初生，霞锦未散，荡漾于清泉碧藻之间，若武陵落英点点，扑人眉睫；宜月夜，……游鱼出听，致极可人；宜细雨，……独喜汲清泉养朱砂鱼。时时观其出没之趣，每至会心处，意日忘倦。"，虽身处闹市斗室，却有悠游于青山绿水之间的闲适感觉，"目尽尺幅，神驰千里"，较之单纯观鱼自然是更胜一筹。有人将金鱼的形态美与文学的词藻美糅合在一起，称龙睛为"混江龙"、蓝鱼为"天仙子"、红头为"一尊红"、五彩鱼为"拂霓裳"等，极大地提高了欣赏金鱼的意境。将金鱼之美完美融入画作的除前面介绍的《紫绶金章》和《百鱼图》外，齐白石、吴作人等大画家也有许多以金鱼为对象的绘画杰作。

3. 有益于人们的身心健康

研究表明，随着生活节奏的加快，工作压力加大，人们经常烦躁不安、肝火很盛，而不良情绪能导致冠心病、高血压以及一系列消化器官与内分泌系统疾病，良好情绪则有助于保持身心健康。一缸优美的金鱼或锦鲤，可以给书房、卧室、客厅增添恬静优雅的情调，有助于工余之暇松弛精神、消除疲劳。欣赏金鱼能达到平心静气、去除杂念、集中注意力的目的。据说京剧大师"四大名旦"之一的梅兰芳就曾用此法锻炼眼神的表现力。

4. 养殖金鱼者不易染病

养殖金鱼和养殖其他宠物不同。一般来说，养殖鸟、猫、狗都有一股难闻的气味，有时甚至传播人畜共患的疾病。而金鱼和锦鲤以它们鲜艳的色彩和动人的游姿回报主人，并且可以让你放心饲养，不会传染疾病。目前，尚未见到过观赏鱼传播到人身上的疾病方面的报道。

另外，金鱼和锦鲤喜欢吞食蚊类的幼虫，因此可控制蚊类的孳生。在公园、宾馆、庭院中凡是有水的假山喷水池、人工河和荷花池等，放养一定数量的金鱼或锦鲤，不仅可改善水体环境、控制蚊类孳生，又会对除害灭病如降低疟疾、丝虫病、脑炎等发病率起到积极的作用。

5. 具有天然加湿、 节能省电的功能

家庭居室养一水族箱金鱼或锦鲤，不仅可以使你欣赏水中美景，还可以对室内环境起到天然加湿的效果，因为生态水族箱里的水分不断地蒸发到室内空气中，使干燥的空气湿度增大，对防止衰老、预防支气管疾病和心血管疾病都有良好的效果。而且比起加湿器来，又具有湿度均匀、节能省电等多种优点，是良好的天然加湿器。

6. 金鱼本身就是商品文化

许多商品以金鱼轻盈、俏美或多彩的形象作为商标，寓意取吉祥如意、金玉满堂等，极具中国传统文化的韵味。

7. 有寓教于乐、 开发智力的作用

观赏鱼的种类繁多，分布在不同国家的河流海域，每一种鱼都有它的学名、俗名、产地及历史。因此，家庭养殖观赏鱼还有一个重要功能就是寓教于娱乐之中，对培养孩子们热爱大自然，热爱生命和学习生物、地理、历史知识都有着重要的作用。

8. 可作为优良的科学试验材料

金鱼性情温和，适宜在室内饲养，容易繁殖，因此，是供科学研究用

的优良试验鱼。20世纪20年代，陈桢教授就开始研究金鱼的遗传和变异。实验胚胎学家童第周教授等专家，自20世纪60年代起，就进行鱼类细胞核移植试验，以探索细胞遗传中的作用。童第周等专家用鲤鱼和其他水生动物的信使核糖核酸（mRNA）注射到金鱼卵中，来探求鱼类细胞质遗传的规律，取得了卓越的成就，引起了国内外生物学界的高度重视。长期以来，国际上测定各种药物对鱼类的毒性指标，都是以金鱼为试验对象。

第五节　金鱼的选购

初养金鱼的鱼友应选容易饲养的普通品种比如草金鱼、文鱼、龙睛、琉金，有一定经验后再选择名贵品种饲养。草金鱼虽然更容易饲养，但和人的亲和力不够，远没有其他金鱼的风姿，不推荐作为饲养首选。

一、挑选金鱼的常规要求

古人评价优质金鱼"身粗而匀、尾大而正、睛齐而称、体正而圆、口闭而阔"的五条标准就概括得十分准确形象！好鱼体态端庄，游动时尾鳍轻摇，上下游动时稳重平直，静止时尾鳍下垂、体态保持平衡。市场上售卖的金鱼一般都放在水槽中，要选出较好的金鱼并不是很容易的事情，应耐心地挑选和细致地观察。

挑选金鱼时，主要需掌握以下几点：

1. 要选择良好条件下养殖的金鱼

如果养殖观赏鱼的水体浑浊，水中污染物多，养殖容器（如水槽）壁上模糊，金鱼大多浮向水面、嘴一张一合地浮头，说明该处经营者管理不好、养殖条件差，这里的金鱼可能有疾病、体质差，最好不要选择。否则，养殖的成活率会很低。

2. 要选择健康无伤的金鱼

将自己中意的一些金鱼捞到另一个容器中观察，选出自己所喜欢的个体。健康的金鱼具有体色鲜艳、特征明显、体态端庄、双眼对称等特点；仔细观察鱼体，体表无白点、无水霉等污染物；在清澈的水体中，金鱼会一边找饵料，一边贴近底石，不离群独游；身体擦向四壁的金鱼，体表可能生有车轮虫等皮肤病，通常肉眼很难看到，也要一并剔除；如果金鱼游在水中只晃脑袋不动身子、游动疲倦、腹部鼓不起来，色彩再好看也不是优质金鱼。身体不呈直线，或者眼睛一大一小、不对称的，绒球鱼的两个绒球不对称的，水泡有瘪的，眼睛有残疾的，蛋种鱼背脊上有疤、俗称"扛枪带刺"的，全都是残次品，千万不要选。

金鱼有的残缺不易被发现。深色的鱼绝对不要有掉鳞现象，白色的鱼如果其他条件好，掉几块鳞还可以接受；鳍条要无折断、残缺、血丝；如果发现尾鳍鳍背中间没有开裂，即三尾型，就是残次品了。

3. 要选择体形优美的金鱼

金鱼的体形很多，依品种各异。一条上品的金鱼应体形优美、各鳍对称、鳞片整齐、品种特征明显。同时该鱼要色纯而不乱、体态平衡、游姿柔软、动如舞蹈。此外，为了增加观赏性，同一次购买的金鱼最好颜色各异、形态有别。

4. 要选择体色艳丽、 稳定的金鱼

金鱼体色的好坏是判别金鱼优劣的重要方面，但因每个人的喜爱不同而标准不同，可随个人的爱好来挑选。金鱼的体色很多，在选择时对体色的要求是有讲究的，黑就是黑，乌黑如墨泛光、永不褪色并无任何斑点相杂的最好；红就是红，红似火、鳞光闪闪、色泽遍及全身者为上品，不能选择红里带黄的鱼，因为这些鱼到最后都会发黄的；有些半黑半黄的鱼当时感觉很漂亮，可到最后还是要褪成黄色的；紫色鱼要色泽深紫、体色稳定。色彩浓艳、单色的必须色纯无杂斑，双色鱼最好颜色醒目、相间不乱，五花鱼要蓝色为底、五花齐全。鹤顶红要全身银白，头顶肉瘤端正鲜红、齐边。玉印顶要全身鲜红，头顶肉瘤银白端正如玉石镶嵌。花斑金鱼鱼体身上的斑块形状各异、细小而清晰、色泽匀称、杂而不乱、十分美丽者为上品。各类红头金鱼以全身纯白、独头部为红色且端正对称者为上品。

5. 要选择品种特征优良的金鱼

金鱼的美丽，除了体态端正、身体健康之外，其观赏价值主要集中在品种特征方面。狮头金鱼要求头部肉瘤丰满厚实，肉瘤包裹脸面和脸颊。龙睛金鱼要求两眼膨大突出，两眼匀称、大小一致。珍珠鳞鱼要求头尖尾大腹圆，腹部鳞片排列整齐、粒粒突出。水泡眼金鱼要求两个水泡匀称圆大、透明，嘴部平坦，背部平滑。虎头金鱼要求头部肉瘤丰满包裹两颊、背部润滑呈圆弧形、尾部短小、腹部丰满。蝶尾金鱼要求尾鳍挺括，鳍条像一把打开的折扇，尾鳍长度占体长的2/3。绒球金鱼要求两颗绒球大小匀称、球花圆大。

6. 要选择鳍形优美的金鱼

金鱼的尾鳍、胸鳍、腹鳍、臀鳍都要对称，背鳍高大如帆，尾鳍四开大尾。短尾鳍要求尾柄色深，越近末端越薄，色也渐渐变浅；长尾鳍要求色浅、薄而透明，好似蝉翼；蝶尾像一把打开的扇子。所有鳍条必须自然舒展，不得有卷曲现象，尾鳍鳍背中间必须是裂开的，形成两片双下垂的四开尾，游动时很美观，悠悠然然。

7. 选购时间

一般9～11月为当年金鱼上市的最佳时期，这一时期的金鱼已有3～6月龄，已经可以突现部分品种特征，且褪色已经完成，具有初步的观赏特征。在7～8月间可以在市场上看到养鱼场淘汰下来的2～4年的种鱼和隔年的金鱼，在其中也不乏精品。

选鱼的时候，要在鱼商进鱼的头几天，此时鱼多，可以选出让人满意的好鱼。而时间一长，所剩的优质鱼就不多了，而且由于长期高密度生活，鱼的身体状态可能会变成亚健康，容易得病，而且有些奸商还会使用些药物让病鱼保持短暂的活跃，对鱼伤害极大。

二、不同金鱼性状的选购技巧

一般来说金鱼变异越大，品种就越珍贵。至于同一品种中不同个体的优劣，主要是根据品种特征，即仔细观看躯体各部分长得是否匀称、色泽是否鲜艳、尾鳍是否端正等项来确定。下面仅就一般性状的优劣简介如下。

1. 龙睛的选购技巧

各种龙睛金鱼的眼球要膨大突出、呈算盘珠型、大小一致、凸出于眼眶、左右对称方算好。若是两眼大小不一、位置不对称，即使其他性状再好，也不算是好龙睛鱼。

2. 高头的选购技巧

头顶上的肉瘤居中、发达丰满、越大越好，而且只限于头顶覆盖肉块。

3. 狮头的选购技巧

整个头部的肉瘤丰满厚实，越发达丰满越好，包裹脸面和两颊。由于肉瘤有皱褶，肉瘤上出现隐约可见的"王"字者，最为理想。

4. 绒球的选购技巧

绒球金鱼的鼻隔膜变异，长成球形，要选择两颗绒球大小匀称、球体致密而圆大、紧贴鼻孔且左右对称者。当鱼体游动时绒球略有摆动，像束花装饰在头部一样，非常雅致者为上品。球体疏松、大小不一者为次品。

5. 水泡眼的选购技巧

应选择水泡柔软、透明，泡形圆大，左右对称，嘴部平坦，背部平滑，游动正常无倾斜现象的个体。水泡小、左右不匀称者为次品。

6. 朝天眼的选购技巧

以眼球翻转而朝向天空、乌黑圆大且左右对称者为佳品。

7. 透明鳞的选购技巧

体表光滑明亮、不见鳞片分布者为佳。

8. 珠鳞的选购技巧

应选择头尖腹圆尾大，鳞片向外凸起、排列整齐且粒粒清晰、饱满突出，没有掉鳞者。如珠鳞不整齐且有掉鳞者为次品。

9. 正常鳞的选购技巧

鳞片排列整齐、体表光滑者为佳品。

10. 蛋鱼的选购技巧

应选择背鳍光滑平坦、无残鳍、体短而肥圆、尾小而短、全身端正匀称的个体。

11. 虎头的选购技巧

应选择头部肉瘤丰满包裹两颊、背部润滑呈圆弧形、尾部短小、腹部丰满者。

12. 蝶尾的选购技巧

应选择尾鳍挺立，鳍条像一把打开的折扇，尾鳍长度占体长的 2/3 的个体。

三、金鱼的装运

购来的金鱼一般都用塑料袋带水装运，离家较远时，袋中还应充入氧气。经长途运输的，可将金鱼放入纸盒中，要求头一天不喂食，运输途中也不要放入水草，防止水草腐烂，败坏水质，具体的装运步骤及注意事项见第六章。

四、金鱼的放养

在金鱼放养前首先要准备好养殖容器，并提前做好晾水、铺砂、种草等工作。将购买回来的金鱼，不要立即放入水族箱中，应经过"缓苗"处理，保持袋内、袋外的水温基本一致。"缓苗"方法是将装鱼的塑料袋，连同水和鱼一起放在水体的中上层中静置 10 分钟左右，然后将塑料袋翻个身，10 分钟后估计塑料袋中的水温已接近水族箱的水温时，慢慢地将鱼倒出来，使之进入箱中，将袋中的水弃于箱外。同时加食盐 1 小匙于水体，以起杀菌作用。如果以后还需增加放养量，新买来的鱼就不能按上述方法放养，而应先在另一容器内单养 7～10 天，观察鱼确实正常后，再与原来水族箱的鱼放在一起饲养，以免带入病原体，造成损失。

家庭饲养金鱼时经常遇到的问题是，新买的金鱼容易死亡。其原因有：一是金鱼在零售店中，由于饲养管理不当，体质下降，身体已有不适；二是市场上出售的金鱼，多是从养殖场经短途或长途运输而来，由于水质的频繁更换，金鱼已有不同程度的不适；三是新买的金鱼，因买家自己调理不当或饲养技术不过关，导致死亡。在市场上买回的金鱼，在放入水族箱前，应先用食盐水或低浓度的高锰酸钾溶液浸洗 10～15 分钟。放入水族箱后，应观察两三天，如金鱼活动正常，再开始喂食。喂食时，投饵量应由少渐多，逐渐增加到正常食量。只要细心调养，金鱼都会度过不适期，恢复正常活动。

五、金鱼的增色

1. 金鱼色彩弱化的原因

根据广大渔友的实践经验和许多渔业专家的长期探索，一致认为造成金鱼色彩弱化的原因主要有以下几点：

一是长期杂交或近亲繁殖造成金鱼的种质退化，色彩弱化是其中很重要的一项。纯种金鱼一般性状较优，例如个体较大、身材修长、色彩艳丽、特征鲜明。而长期近亲杂交或无序交配会导致杂交种或退化种大量产生，色彩及外形在个体间差别也较大。

二是水质不良导致色彩弱化。金鱼饲水颜色有清水、绿水、老绿水、澄清水和褐色水的变化，如果水色变化得混沌、水质变得恶劣，会导致鱼的体色模糊、色彩单调，没有鲜艳的感觉。可以通过光照养成绿水，养好的水应该是发亮清澈，颜色稍微发绿，这样的水体中金鱼的状态是自由自在的，金鱼生成的色彩会更艳丽。

三是饵料搭配不合理导致色彩弱化。主要是饵料品种单调，金鱼营养不良，不利于色素细胞的沉积，导致体色灰暗没有光泽。

2. 强化培育色彩的技术手段

强化色彩的培育，可以使金鱼的色彩更鲜艳夺目、花色更丰富多彩，通常采取的技术手段主要有以下几点。

（1）科学繁殖　为了得到纯良的后代，在繁殖时要将不同品种的鱼按照繁殖的要求进行隔离养殖。具体有两种方法：一种是同品种雌雄混养。也就是将同一品种的多尾雌雄鱼合养在一个水族箱里，让它们自由交配以繁殖后代的方法。另一种是不同品种雌雄分离饲养。也就是分别将不同品种的雄鱼合养在一边、雌鱼合养在另一边，在繁殖的时候挑选合宜的雌、雄鱼合缸，以避免过度交配对亲鱼造成损害，有利于维持后代品系纯良的一种养殖方法。

（2）加强水质的培育　经常加注新水会刺激金鱼鱼体变色；老水有利于颜色的稳定及加深；如果是池养，绿藻也是一种有效的增色饲料，有利于增色；长期的陈清水也有利于体色的加深。

（3）饲料营养要合理　要保证动物性和植物性饵料的合理搭配，尤其是在使用配合饵料时，要添加增色剂。在幼鱼期尤其是在变色（很多地方叫退色）阶段，应给金鱼多喂食一些营养丰富的动物性饵料，这样做不仅可以促使金鱼体色艳丽，还可以增强金鱼的体质。另外在深秋季（一般指中秋之后）投喂时，要多喂一些螺旋藻或其他的增色饲料，可起到增艳、加深体色的作用，螺旋藻含有丰富的 β 胡萝卜素，对提高金鱼体表鳞片的光泽、色彩是大有益处的。如果是自制饲料，在饲料中添加营养的做法就变得极其简单，可以直接向饲料中添加螺旋藻或是成品的维生素药品（如21金维他），也可以添加其他的增色剂，主要增色剂有以下几种。

海带粉：在饲料中可添加 2%～3%。

螺旋藻粉：在饲料中可添加 1%～2%螺旋藻粉。

胡萝卜：0.1%～0.5%的胡萝卜素有很好的增色效果。

番瓜：在配合饲料中添加部分老番瓜可使金鱼的体色增艳加深，添加量为 0.5%左右。

血粉：含有丰富的血红素，是一种增色剂，添加量在 0.5%～1%。

虾红素：是一种效果很好的增色饲料，一般在饲料中添加 0.1%～0.5%就可以了。

第二章

金鱼的饵料

第一节　金鱼对饲料的要求

一、金鱼所需的营养成分

金鱼的营养需要主要是蛋白质、脂肪、糖类、维生素和无机盐五大类。

由于受饲料蛋白的种类、观赏鱼生长发育阶段等因素的影响，所以观赏鱼对蛋白质的需求量是一个非常复杂的问题，不同蛋白质的营养价值，由于氨基酸的组成不同以及可消化程度的不同而有很大差异。脂肪主要提供能量、节约蛋白质，同时脂肪是脂溶性维生素（维生素 A、维生素 D、维生素 E、维生素 K）的载体，并促进这些维生素的吸收和利用，因此，在饲料加工时必须添加脂肪。糖类主要作为能源物质，也具有节约蛋白质的功能，并参与构成观赏鱼鱼体组织。饲料中维生素与无机盐含量较小，但却必不可少。维生素是维持观赏鱼正常生理功能所必需的一类生物活性物质，对维持鱼体正常生长发育和提高鱼体抗病能力有着重要作用，绝大多数维生素是酶的基本成分，参与调节体内的新陈代谢。维生素一般在体内不能合成，必须由食物供给，若缺乏某种维生素，将会导致代谢紊乱、机体失调、生长迟缓，严重者引起死亡。为了补充维生素，在饲料中可添加复合维生素制剂，投喂一定数量的鲜活饵料以满足观赏鱼对维生素的需要。饲料成分中，无机盐构成骨骼和其他细胞组织，参与体液渗透压和氢离子浓度的调节，并且是观赏鱼体酶系统的成分或催化剂。无机盐在观赏鱼鱼体成分中所占比例较大，约为 21.17％，饲料中如果缺少某些无机盐，观赏鱼便会产生代谢障碍或缺乏症。因而，在设计饲料配方时，添加肉骨粉、混合无机盐等，对观赏鱼的生长有促进作用。

二、金鱼饲料的分类

金鱼食性很广，属于以动物性食料为主的杂食鱼类。营养丰富的食物，是保证金鱼生长、发育的物质基础。

1. 按饲料成分及功能分

（1）成长薄片饵料　薄片状的饵料，由40多种不同原料制成，高含量的蛋白质极易被鱼类吸收，可促进鱼类健康、迅速地成长。适用于淡水及海水鱼类。

（2）增艳薄片饵料　可促进鱼类增加自然的艳丽色彩。适用于淡水及海水鱼类。

（3）高蛋白薄片饵料　成分中添加碘质以及海藻、糠虾、丰年虾以及一些浮游生物。适用于淡水及海水鱼类。

（4）蔬菜薄片饵料　是适合所有草食性鱼类的植物性饵料。适用于淡水及海水鱼类。

（5）鱼苗饵料　颗粒细微而营养丰富的粉末状饵料，适合刚孵化的幼鱼。适用于淡水及海水鱼类。

（6）高蛋白颗粒饵料　含有重要营养素、维生素、微量元素，适合喂饲各种不同类型的大型鱼类。适用于淡水及海水鱼类。

（7）高蛋白条状饵料　具有独特的悬浮性，适合喂饲表层觅食的鱼类。适用于淡水及海水鱼类。

（8）粘贴饵料　可方便地将饵料粘贴在水族箱壁上，以便更仔细地观察鱼的成长状态。适用于淡水及海水鱼类中的舔食性或刮食性鱼类。

（9）锭状饵料　投入水中吸水软化后供鱼类吸食，适合小型鱼食用。适用于淡水及海水鱼类。

（10）干燥丰年虾　含有丰富的胡萝卜素，可增强鱼类体色，并且可促进幼鱼对蛋白质、脂肪、粗纤维的正常吸收利用。适用于淡水及海水鱼类。

（11）维生素剂　可补充食物中缺少的维生素，适合幼鱼成长、病鱼恢复、种鱼繁殖时使用。适用于淡水及海水鱼类。

2. 按饲料保存状态分

（1）冷冻饵、干燥冷冻饵、干燥饵　也就是把生物活饵料经杀灭寄生虫等处理后再冷冻或干燥保存。

（2）冷冻红虫　营养价值很高，是将生物活饵料直接冷冻，但是带寄生虫的概率非常高，并不建议使用。

（3）冷冻丰年虾　冷冻丰年虾有成虾和虾苗两种。冷冻丰年成虾的营养价值较低，但鱼儿爱吃，可和其他饲料混合喂食。冷冻丰年虾苗价位高，但营养价值高。

（4）干燥红虫　即利用风干技术将红虫干燥保存。干燥红虫不会带寄生虫，较冷冻生物活饵料安全，但鱼不太爱吃。

3. 按配合饲料的物理性状分

（1）粉状饲料　其颗粒细小呈粉状，营养溶失量较大，主要用于观赏鱼的幼弱鱼苗的投饲。

（2）糜状饲料　粉状饲料经过喷油、加入水粉合剂或者其他动物性下脚料而制成的糜状饲料，用于啃食性观赏鱼的投喂，当然在海水缸中的海水虾、海水蟹也可用这种饲料来投饲。

（3）软颗粒饲料　将饲料原料粉碎后加水和黏合剂，经软颗粒饲料机挤压成型。这种饲料一般含水量在30%以上，颗粒质地松软，且属于沉性饲料，适合投饲金鱼和锦鲤。

（4）硬颗粒饲料　这种饲料一般要用环模或平模制粒机生产，在加工过程中，一部分维生素因高温而损失。饲料颗粒硬度大、含水量少、耐保存，是目前我国观赏鱼规模养殖使用最广泛的一种饲料。

（5）膨化饲料　膨化饲料是在硬颗粒饲料的基础上，经过膨化发泡而成，它的最大特点是能够漂浮在水面，并具有浓浓的香味，便于观察观赏鱼摄食量，也有利于欣赏观赏鱼在吃食时的姿态，这是目前家庭养殖观赏鱼中比较常用的饲料。

4. 按饵料来源分

（1）动物性饵料
（2）植物性饵料
（3）人工配合饵料

第二节　金鱼的植物性饵料

金鱼对植物纤维的消化能力差，但是金鱼的咽喉齿能够磨碎食物，植物纤维外壁破碎后，细胞质也可以被消化。常见的植物性饵料有芜萍、面条、面包和饭粒等。投喂前要仔细检查饵料中是否有害虫，必要时可用浓度较低的高锰酸钾溶液浸泡后再投喂，杜绝给金鱼带入病菌和虫害。通常金鱼喜食的植物性饵料很多，现分别叙述如下：

（1）藻类　藻类可分为浮游藻类和丝状藻类。前者个体较小，是金鱼苗的良好饵料。金鱼对硅藻、金藻和黄藻消化良好，对绿藻、甲藻也能够消化，而对裸藻、蓝藻不能够消化。浮游藻类生活在各种小水坑、池塘、沟渠、稻田、河流、湖泊、水库中，通常使水呈现黄绿色或深绿色，可用细密布网捞取喂养金鱼，用含有藻类的绿水或蓝水喂养鱼苗效果也很好。

丝状藻类俗称青苔，主要指绿藻门中的一些多细胞个体，通常呈深绿色或黄绿色。金鱼通常不吃着生的丝状藻类，这些藻类往往硬而粗糙。金鱼喜欢吃漂浮的丝状藻类，如水绵、双星藻和转板藻等，这些藻体柔软、表面光滑。漂浮的丝状藻类生活在池塘、沟渠、湖泊和河流的浅水处。丝状藻类只能喂养个体较大的金鱼。

（2）小球藻　小球藻体色鲜绿，个体酷似北方的谷子，一粒粒似小米粒大小，含有丰富的蛋白质、脂肪、维生素和微量元素等，营养价值极高，是金鱼较好的青饲料，如与动物性饲料混合投喂，可有效地促进鱼类的快速生长。小球藻多生活在静水池塘或小河中，它们多与芜萍混在一起生长，单纯生长小球藻的自然水域比较少见。

（3）芜萍　俗称无根萍、大球藻，是浮萍植物中体形最小的一种。整个芜萍为椭圆形粒状叶体，没有根和茎，长0.5～1毫米，宽0.3～8毫米。芜萍是多年生漂浮植物，生长在小水塘、稻田、藕塘和静水沟渠等水体中。芜萍中蛋白质、脂肪含量较高，根据有关资料介绍，干芜萍含蛋白质达45%，营养成分好，此外还含有维生素C、维生素B以及微量元素钴等，用来饲养金鱼，效果很好。当鱼虫欠缺时，经常以芜萍作为代替饵料。

（4）小浮萍和紫背浮萍　小浮萍俗称青萍。植物体为卵圆形叶状体，左右不对称，个体长3～4毫米，生有一条很长的细丝状根，也是多年生的漂浮植物。小浮萍通常生长在稻田、藕塘和沟渠等静水水体中，可用来喂养个体较大的金鱼。紫背浮萍紫色，无光泽，长5～7毫米，宽4～4.5毫米，有叶脉7～9条，小根5～10条，通常生长在稻田、藕塘、池塘和沟渠等静水水体中，它们不含微量元素钴，对金鱼无促生长作用。

（5）菜叶　饲养中不能把菜叶作为金鱼的主要饵料，只是适当地投喂绿色菜叶作为补充食料，以使金鱼获得大量的维生素。金鱼喜吃小白菜叶、菠菜叶和莴苣叶，在投喂菜叶以前务必将其洗净，再在清水中浸泡半小时，以免菜叶沾有农药或药肥，引起金鱼中毒。然后根据鱼体大小，将菜叶切成细条投喂。

（6）豆腐　含植物性蛋白质，营养丰富。豆腐柔软，容易被金鱼咬碎吞食，对大、小金鱼都适宜。但是在夏季高温季节应不喂或尽量少喂，以免剩余的豆腐碎屑腐烂分解，影响水质。

（7）饭粒、面条　金鱼能够消化吸收各种淀粉食物。可将干面条切断后用沸水浸泡到半熟或者煮沸后立即用凉水冲洗，洗去黏附的淀粉颗粒后投喂。饭粒也需用清水冲洗，洗去小的颗粒，然后投喂。

（8）饼干、馒头、面包等　这类饵料可弄碎后直接投喂，但投喂量宜少。它们与饭粒、面条一样，吃剩下的细颗粒和金鱼吃后排出的粪便全都悬浮在水中，形成一种不沉淀的胶体颗粒，容易使水质浑浊，还容易引起低氧或缺氧现象。

第三节　金鱼的动物性饵料

一、金鱼动物性饵料的种类

天然动物性饵料种类较多，适口性好，容易消化，含有鱼体所必需的各种营养物质，尤为金鱼所喜食。常食用的有水蚤、剑水蚤、轮虫、原虫、水蚯蚓，孑孓以及鱼虾的碎肉、动物内脏、鱼粉、血粉、蛋黄和蚕蛹等。

（1）水蚤　水蚤俗称红虫、鱼虫，是甲壳动物中枝角类的总称。我国各地分布的水蚤有100余种，体色有棕、红棕、灰、绿色等，在溶氧低的小水坑、污水沟、池塘中的水蚤带红色；而湖泊、水库、江河中的水蚤身体透明，稍带淡绿色或灰黄色。由于水蚤营养丰富、容易消化，而且其种类多、分布广、数量大、繁殖力强，被认为是金鱼理想的天然动物性饵料。常见种类有大型水蚤、枝角水蚤（图 2-1）、裸腹蚤、隆线蚤等。水蚤主要生活在小溪流、池塘、湖泊和水库等静水水体中，在有些小河中数量较多，而在大江、大河中则较少。水蚤季节性生长，有夏虫和冬虫之分，夏虫在清明节前后大量繁殖，体色血红、个体较大、数量较多、营养价值极高，它们多生活在可流动的河水中；冬虫数量较少、体色青灰、营养价值较低，它们多生活在静水池塘或湖泊

图 2-1　枝角水蚤

中。金鱼饲养者可以选择适当的时间和地点进行捕捞，以满足金鱼的营养需求。当水蚤丰盛时，可以用来制作水蚤干，作为秋、冬季和早春的饲料。

（2）剑水蚤　俗称跳水蚤，有的地方又叫青蹦、三脚虫等，是对甲壳动物中桡足类的总称。桡足类的营养丰富，据分析，其蛋白质和脂肪的含量比水蚤还要高一些。但是剑水蚤作为饵料的缺点是它躲避鱼类捕食的能力很强，能够在水中连续跳动，并迅速改变方向，特别是幼鱼不容易吃到它。另外，某些桡足类品种还能够咬伤或噬食金鱼的卵和鱼苗。因此，活的剑水蚤只能喂给较大规格的金鱼。剑水蚤在一些池塘、小型湖泊中大量存在，也可以大量捞取晒干备用。

（3）原虫　又称为原生动物，是单细胞动物。种类也较多，分布广泛。原虫中作为金鱼天然饵料的主要是各种纤毛虫（如草履虫）及肉足虫。草履虫是金鱼苗的良好饵料，在各种水体中都有，尤其在污水中特别多，也可以用稻草浸出液大量培养草履虫来喂养金鱼苗。

（4）轮虫　这种水生动物体形小、营养丰富、外表颜色为灰白色，有些地方又称其为"灰水"，是刚出膜不久的金鱼苗的优良饵料。轮虫在淡水中分布很广，可在池塘、湖泊、水库、河流水体中捞取，也可以采取人工培养方法获得。

（5）水蚯蚓　俗称鳃丝蚓、红丝虫、赤线虫等，它是环节动物中水生寡毛类的总称。它通常群集生活在小水坑、稻田、池塘和水沟底层的污泥中。水蚯蚓生活时通常身体一端钻入污泥中，另一端伸出在水中颤动，受惊后会立即缩入污泥中。身体呈红色或青灰色，它是金鱼适口的优良饵料。捞取水蚯蚓要连同污泥一并带回，用水反复淘洗，逐条挑出，洗净虫体后投喂。若饲养得当，水蚯蚓可存活 1 周以上。

（6）孑孓　蚊类幼虫的通称。通常生活在稻田、池塘、水沟和水洼中，尤其春、夏季分布较多，经常群集在水面呼吸，受惊后立即下沉到水底层，隔一段时间又重新游近水面。孑孓是金鱼喜食的饵料之一，要根据孑孓的大小来喂养金鱼。孑孓通常用小网捞取，捞时动作要迅速，在投喂前要用清水洗净。

（7）血虫　摇蚊幼虫的总称，活体鲜红色，体分节。血虫生活在湖泊、水库、池塘和沟渠道等水体的底部，有时也游动到水表层。血虫营养丰富、容易消化，是金鱼喜食的饵料之一。

（8）蚯蚓　蚯蚓的种类较多，一般都可作金鱼的饵料，而适合金鱼作为饵料的应为红蚯蚓（即赤子爱胜蚯蚓），其个体不大、细小柔软，适合金鱼吞食。红蚯蚓一般栖息于温暖潮湿的垃圾堆、牛棚、草堆底下，或造纸厂周围的废纸渣中以及厨房附近的下脚料里。每当下雨且土壤中相对湿度超过80%时，蚯蚓便爬行到地面，此时可以收集。晴天可在土壤中挖取蚯蚓，先将挖出的蚯蚓放在容器内，洒些清水，经过1天后，让其将消化道中的泥土排泄干净，再洗净切成小段喂养金鱼。通常全长6厘米以上的金鱼才能吞食蚯蚓。

（9）蝇蛆　因个体柔嫩、营养丰富，可作为成鱼和肥育鱼体的饵料。投喂前需漂洗干净，减少其对养殖水缸、水质的污染。人工繁殖蝇蛆时需要严格控制数量，以防止对环境造成污染。

（10）蚕蛹　含丰富的蛋白质，营养价值较高，通常被磨成粉末后，直接投喂或者制成颗粒饲料投喂金鱼。蚕蛹的脂肪含量较高，容易变质腐败，因此，在投喂前一定要注意质量。

（11）螺蚌肉　需除去外壳，通过淘洗、煮熟后切细或绞碎投喂金鱼。大金鱼消化能力强，这类饵料对大金鱼的生长发育效果较好。

（12）血块、血粉　新鲜的猪血、牛血、鸡血和鸭血等都可以煮熟后晒干，制成颗粒饲料喂养金鱼。此类饵料的营养价值很高，如将其制成粉剂，与小麦粉或大麦粉混合制成颗粒饲料喂养金鱼，则效果更好。

（13）鱼、虾肉　不论哪种鱼、虾肉都可以作为金鱼的饵料，它们营养丰富且易于消化。但是鱼须煮熟剔骨后投喂，虾肉须撕碎后投喂。若将鱼、虾肉混掺部分面粉，经蒸煮后制成颗粒饲料投喂则更为理想。

（14）蛋黄　煮熟的鸡、鸭蛋黄，均是金鱼喜爱且营养丰富的饵料。用鸡、鸭蛋黄与面粉混合制成颗粒状饵料喂养金鱼效果很好。对刚孵化出的鱼苗，在原虫、轮虫短缺时饵料一般用蛋黄代替。一个蛋黄1次可喂金鱼苗20万～25万尾。具体做法是把蛋黄包在细纱布内，放在缸的水表层揉洗，使蛋黄颗粒均匀，投喂时须严格控制蛋黄的量。

（15）黄粉虫　黄粉虫的营养丰富，可食部分很多，是家庭养殖金鱼的主要饵料之一，其获取也很方便，市场上都有出售。

二、动物性天然饵料的捕捞与储存

1. 鱼虫的旺发季节

鱼虫（浮游动物）大量生长于城市郊区、村镇附近的肥水坑塘、河沟中。春天气温上升到10℃以上时，鱼虫开始繁殖，当气温上升到18℃以上时，鱼虫大量繁殖生长。从春到夏，环境条件好，鱼虫繁殖很快，形成庞大的群体。其数量的增长，与季节、气候、水温、光照以及水中营养物质的含量等因素有密切关系，有经验的养殖者都能掌握和运用这些自然规律，选择适当的时间和地点进行捕捞而获得丰收，以满足金鱼生产所需。

鱼虫繁殖生长的季节性特别明显。早春季节，水体中主要生长桡足类，到晚春季节，枝角类开始大量繁殖。进入夏季以后，水温升高较快，轮虫和枝角类逐渐占优势，较易捞取。这个季节也是金鱼生产的旺季，对饲养金鱼十分有利。至秋季，秋雨连绵，气温渐渐下降，这些天然饵料品种也渐减，产量随着下降。冬季破冰捕捞，只能捞取到少量的桡足类。

2. 鱼虫的捕捞

夏季阵雨过后，从农村路边荒地的积水坑中和城市路边的积水小坑中，经常能见到鱼虫旺发的情景。可到坑塘、湖淀等处捕捞大量的鱼虫（图2-2），经晒干加工之后，作为家庭养殖金鱼的饵料，也可作为商品出售。

鱼虫除上述季节性的数量变动规律外，还有昼降夜升的活动规律。每当夜幕降临，它们从深水层移向水表层，密密麻麻地熙来攘去，到黎明日出，又逐渐回到深水层去，鱼虫这种日落上

图2-2　捕捞鱼虫网具

升、日出而潜的习性十分明显，因此要在黎明前赶赴坑塘、湖淀等处，才能获得丰收。

3. 鱼虫的清洗与投喂

无论是哪种天然饵料，捞回来都必须清洗干净后才能喂鱼，以免将天然水域中的敌害生物和致病细菌带入鱼池，污染水体而危害金鱼。清洗的办法是：将捞回的鱼虫，立即倒入事先盛有清水的大鱼缸中，接着用大布兜子再将鱼虫捞至另一个盛有清水的鱼缸内，如此反复3～4次。待将所有和鱼虫混杂在一起的污泥浊水清洗干净，鱼虫的颜色也由刚捞回时的酱紫色变为鲜红色时，才可以用来喂鱼。将鱼虫从一盆捞至另一盆时，刚开始鱼虫密度大，应用大布兜子，以后鱼虫数量渐少，则改用小布兜子操作。过滤清洗鱼虫时，要把活鱼虫和死鱼虫分开，即注意死、活鱼虫的分层现象，因绝大部分活鱼虫浮游在水的表层，而死鱼虫则沉在缸底。第一次清洗鱼虫时，便要将死、活鱼虫分开，并且分别清洗干净。刚死的鱼虫尚未变质，可以用它来喂一般品种的金鱼。

在春末金鱼繁殖时期，可将冲洗鱼虫滤下的水集中在一个容器内，静置片刻后，便会有轮虫泛至表层，可用细布网捞起，喂养幼鱼。

4. 水蚯蚓的捕捞与储存

水蚯蚓繁殖的季节变化，不像鱼虫那样明显。水蚯蚓的身体细长呈线状，体色鲜红或深红，终年生活在天然水域中有机质特别丰富的底泥内，一部分身体钻入底泥中，大部分身体在水层中不停地颤动。周围稍有响动，都能使它受惊而将身体全部缩入泥中，直到声响消失，才又伸出泥外恢复颤动。捞取水蚯蚓时要带泥团一起挖回（图2-3），装满桶后，需要取蚓时，盖紧桶盖，几小时后，打开桶盖，可见水蚯蚓浮集在泥浆表面。捞取的水蚯蚓要用清水洗净后才能喂鱼。在春、秋、冬三季水蚯蚓的保质期为1周左右。取出的水蚯蚓在保质期间，需每天换水2～3次。保质期内如发现虫体颜色变浅且相互分离不成团，蠕动又显著减弱时，表示水中缺氧，虫体体质减弱，

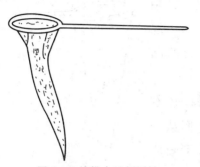

图2-3 捕捞水蚯蚓网具

有很快死亡腐烂的危险，应立即换水抢救。在炎热的夏季，保存水蚯蚓的浅水器皿应放在自来水龙头下用小股流水不断冲洗，才能保存较长时间。

三、动物性活饵料的人工培养技术

为保证金鱼活饵料常年能稳定供应，或遇某些特殊情况，天然饵料供应不足时，可采用人工培养活饵的方法来弥补。

1. 草履虫等原虫的培养

草履虫等原虫个体较小，一般肉眼难以看见。有的种类，虽肉眼可见，但也分辨不清其外部形态。但它们均是喂养金鱼苗的好饵料，其培养方法比较简便，规模可大可小，视需要决定规模。

（1）草履虫的培养 草履虫习性喜光，体长0.15～0.30毫米，一般生活在湖泊、坑塘里，在腐殖质丰富的场所及干草浸出液中繁殖尤为旺盛，适宜温度为22～28℃。一种培养方法是，取池水置于玻璃培养缸中，经一昼夜照光，水面下1厘米处的瓶壁上已经形成一圈"白线"，或者是见到水层中有游动着颗颗白色小点，即表明有草履虫存在。草履虫大量繁殖时，在水层中呈灰白色云雾状飘动或回荡，故又称为"洄水"。取洄水一滴置于显微镜下观察，每一白色小点便是游走不定的草履虫。培养时可取洄水作种源，放置在适宜的温度下继续培养5～7天，草履虫就会大量繁殖起来。另一种方法是取稻草绳约70厘米长，整段或剪成若干小段置于玻璃缸中，再加水约5000毫升，移入少量种源，而后将玻璃缸置于光照比较充足的地方。在水温22～28℃的水体中培养6～7天时，草履虫已繁殖极多，繁殖数量达顶峰时，如不及时捞取，次日便会大部分死亡。故一定要每天捞取，捞取量以1/3～1/2为宜。捞取的同时补充培养液，即添加新水和稻草施肥，如此连续培养、连续捞取，就可不断地提供活饵料。

这里特别需要指出的是，草履虫的培养有可能失败。原因有很多，其中有两点是主要的：其一，可能是接种草履虫的数量过少，个体质量又较差，它们进入新环境后，遇有不适，很快死去，未能传宗接代；其二，可能是稻草之类的材料发霉或残留农药过多，接种后的草履虫中毒死亡，不能繁殖。因此，一旦发现培养液混浊、有特异臭味、镜检无草履虫，就要弃之。

（2）变形虫的培养　变形虫喜欢生活在水质比较清的水池或水流缓慢、藻类较多的浅水中，有时附着在浸没于水中或泥底的腐烂植物上，或浮在水面的泡沫上。培养时取池底表面的泥土或有浮沫的水滴作为种源。变形虫生活的最适宜温度是 18～22℃，春秋两季最易采集到。变形虫的体形较大，约有 0.2～0.6 毫米，肉眼可见一小白点，故可利用其在饱食时突然受振而会牢固地附着在物体上的特性把它分离出来作为种源。其方法是取含变形虫的培养液滴于玻璃上，见白色小点（在显微镜下观察更好）即滴凉水于白色小点处，并立即振动玻璃片，虫体就会牢牢附于玻片上，然后用凉水慢慢冲洗玻片上的培养液约 10 秒，这样连做数片作为种源，连同玻片一起放入培养液中，经几天培养，即可获较大量的、较纯的变形虫。变形虫培养液也可采用稻草加水浸泡的方法来制备，稻草和水用量的多少视培养规模来定，其比例可参照草履虫培养液。

2. 轮虫的培养

多数轮虫个体很小，是喂养鱼苗的好饵料。培养时水温宜控制在18～24℃。室外培养，土池、水泥池均可。培养时用水体施肥的方法，先繁殖浮游藻类和小型原生动物作为轮虫的食物。施肥的方法是：以每立方米水体用硝酸铵 20～30 克、人粪尿（或加点牛、马粪等）5～10 克的比例配成混合肥料作基肥一次投入水池，待藻类繁殖起来再放入种源，培养 10 天左右即可收获。在培养过程中，一般每隔 4～5 天施有机肥一次。轮虫的分布也很广，坑塘、河流、湖泊和水库等处均可见到，故培养轮虫的种源，仍可采取从洞水中分离的办法，即取洞水若干毫升放入玻璃皿中，先用吸管吸去大型蚤类，利用轮虫趋光的习性，再用微细吸管把轮虫逐个分离出来，先在较小的容器内培养，待有一定量时再放繁殖池中大量培养。

3. 摇蚊幼虫的培养

（1）人工采卵　用专用的人工采卵箱完成。人工采卵箱的大小，摇蚊的生物密度与性比例，适宜的温度、湿度、照明和成虫的饵料等都是在人工采卵时必须考虑的条件。

① 采卵箱。采卵箱的大小为 1 米×1 米×2 米，用厚度为 4～5 厘米

的方杉木做箱架，外面挂有防蚊用的昆虫网，其上覆盖透明塑料布，以便保持箱内的湿度和方便从外面进行观察。

② 摇蚊的个体密度与性比例。采集摇蚊成虫或幼虫置入采卵箱，其个体密度是影响受精率的主要因素之一。密度 2000 个/米³ 以上时，可获 80% 以上的受精率，随着密度的增加，受精率也增加，当密度达到 4000 个/米³ 时，受精率达到 90%。性比是生物学的重要条件之一，摇蚊雌、雄同数量，或雄性稍多于雌性是最适条件，所以在采卵过程中要补充雄性个体。

③ 温度。温度最适范围为 23~25℃，当温度<20℃或温度>28℃时，受精率骤降。这时可以通过人工控温来解决，一般是在采卵箱内放置两个 40 瓦的灯泡散热，并用定温继电器控制。

④ 湿度。湿度对交尾是必要的条件，湿度 90% 以上可得到 80%~85% 的受精率，湿度<80%，受精率下降至 20% 以下。调节湿度可由采卵箱中的喷水器控制，并由箱外塑料布防止蒸发。

⑤ 照明。科学研究表明，间歇照明的最佳条件是，在 24 小时中 4 次断续照明，每次关灯 30 分钟，每次为 5.5 小时的间歇照明，此时的受精率都在 80% 以上。在照明时开始产卵，照明 2 小时内产出的卵数为每次间歇照明总产卵数的 60%。

⑥ 饵料。饵料置于采卵箱中的面盆或喷洒在悬挂于采卵箱中的布幕上。成虫饵料为 2% 的蔗糖、2% 的蜂蜜或两者混合液，都能获得较高的受精率。

具备以上采卵的条件后，受精卵块持续的天数为 12~15 天，1 天最高能得到 400~750 个卵块（平均每天 200 个）。假设 1 个卵块中的卵粒数平均为 500 个，则每天能采 10 万个个体，2 周后可得到 140 万个个体，约合 7 千克幼虫。

（2）培养基　① 琼脂培养基。将琼脂溶解于热水中，配成 0.8% 的琼脂溶液，冷却至 50℃ 以后再加入牛奶。根据牛奶的添加量，增减添加的蒸馏水的量，使琼脂浓度最后调整为 0.75%。然后将培养基溶液 25 毫升倒入直径为 90 毫米的玻璃皿中冷却，使琼脂凝固，在上面加 10 毫升蒸馏水。

② 黏土-牛奶培养基。取烧瓦用的黏土一定量，加入黏土质量的 10 倍的蒸馏水，在大型研钵中研碎，使之成为分散的胶体状。除去沙质后，

用每平方厘米 1.2 千克的高压灭菌器灭菌 30 分钟，冷却之后取一定量，加入牛奶便迅速开始凝集，黏土粒子和牛奶一起形成块状的沉淀，这些沉淀即可当幼虫的培养基。

③ 黏土-植物叶培养基。取杂草或桑叶或海产的大叶藻加适量海砂和水，在研钵中磨碎，用 50 目筛绢网过滤挤出植物碎液，静置后倒出，去除植物碎液中的细砂。然后在黏土溶液加入适量氯化钙，再加入植物碎液，就和加入牛奶一样发生凝集，直至上清液不着色、不混浊时，等待 10~20 分钟后倾去上清液，加入蒸馏水进行振荡，再静置 10~20 分钟后，除去上清液。如此反复 2~3 次之后，将沉淀部分适当稀释便可供作培养基。

④ 下水沟泥培养基。从下水沟或养鱼塘采集鲜泥土，去掉其中的大块垃圾，加入等质量的自来水搅拌，静置 30 分钟后倒掉上清液。这样反复进行 1~2 次，除去下水沟泥的悬浮物。用高压锅高压灭菌 30 分钟，冷却之后倾去上清液，加入适量蒸馏水即可当培养基。

（3）培养方法　① 接种。用人工采卵和人工培养基饲育的摇蚊幼虫，经 60 目筛网选出体长 3~4 毫米的幼虫于盆中，加入蒸馏水 1~2 天后，再移入筛网，用蒸馏水冲洗干净之后，把水分沥干，将幼虫接种在培养基上。

② 静水培养法。上述 4 种培养基的共同点是均为两相培养基，即培养基底是固体物质的黏土、牛奶、植物碎叶或下水沟泥的沉淀物，培养基的上部是蒸馏水。用直径 90 毫米的培养皿盛装培养基时，把大于 3 毫米的摇蚊幼虫接种于器皿中培养，这就是静水培养。这种静水培养可一直培养到蛹化前采收，它具有操作容易的优点，但是这种培养法由于得不到充足氧气的保证，培养基容易变质，产量远不如流水培养法。

③ 流水培养法。在 33 厘米×37 厘米×7 厘米的塑料容器或直径为 45 厘米的圆盆的底部放入厚度为 10 毫米的沙层，再在上面铺上黏土-牛奶培养基，每 3 天添加一次培养基。从容器一端注入微流水，另一端排出，再用孵化后 24 小时的幼虫进行流水培养。流水可以起到排污和增加氧气的目的，培养结果比静水培养的好。

④ 体长小于 3 毫米的幼虫培养。体长小于 3 毫米的幼虫的口器发育尚未完成，对各种外界环境的抵抗力弱，更不可能抵抗 0.1 米/秒的流水速度，因此需要用另一种培养方法。这种方法是：在 500 毫升的三角烧瓶

中，注入半瓶水，加入 50 毫升的培养基，将要孵化的卵块加进烧瓶里，用气泡石通气，约每分钟通入 800～1000 厘米^3 的气体，温度以 23～25℃ 为宜。这种条件下，卵块会顺利孵化，4 天后体长可以达到 3 毫米，然后转入流水培养中继续培养。

4. 桡足类的培育

桡足类的种类很多，应选择适宜培养的种类。适宜培养的种类应该是对环境的适应能力强，食性杂，可以摄食动、植物饵料和有机质碎屑等，繁殖能力强，生长快；作为观赏鱼幼体的饵料，营养价值高。

（1）培养设备　主要培养设备有培养容器、搅拌器、充气装置、升温装置等。

小型培养容器多使用 1 米^3 左右的塑料水槽。大型培养容器多为水泥池，其容量从几立方米到几百立方米不等。池深一般 1～1.3 米。小型培养容器多用散气石充气搅拌，不设专门的搅拌器。对于大型水泥池，搅拌器有两种，一种是专门的搅拌器，这种搅拌器带有翼片，慢速运转，靠翼片搅动水体；另一种是用铺在池底的塑料管充气搅拌。桡足类生长繁殖的水温一般较高，因此需配备升温装置。

（2）培养用水的处理　培养用水最好通过沙滤，如果无沙滤设备，也可以用筛绢网过滤，滤除水中的大型动物。

（3）接种　种的来源有两个途径。一是从自然水域采集桡足类，经分离、富积培养后，再往大型培养容器内接种；二是采集桡足类的卵进行孵化。

接种量以大为好。接种量大，增殖到收获时密度的时间短，生产效率高。接种量最大可以达到当时培养条件下最大密度的一半。

（4）投放附着基　培养底栖和半底栖的桡足类，需要投放附着基。例如虎斑猛水蚤有爬行于池壁和池底或在其附近游泳的习性，为了增加其栖息场所，投放附着基有明显效果。附着基的种类有蚊帐布、筛绢网、塑料波纹板、聚乙烯薄膜等。垂挂蚊帐网作附着基，既不会降低通气能力，而且蚊帐网上有青苔生长，起到了为桡足类提供附着基、饵料和稳定水质的作用。

（5）管理　① 投饵。应根据桡足类的食性选择适宜的饵料。杂食性桡足类的饵料种类很多，适于大量培养。除了饵料种类外，还要控制投饵量。如果 1 米³ 容量的塑料水槽作培养容器，混合投喂对虾配合饲料与酵母，对虾配合饲料投喂量每周 30～75 克，酵母投喂量 2 克/天，桡足类，如虎斑猛水蚤一周后增殖到 14000～17000 个/升；混合投喂鱼类配合饲料与酵母，鱼类配合饲料每 2～3 天投喂 5～10 克，酵母每 2～3 天投喂 10 克，一周后虎斑猛水蚤增殖到 16000～20000 个/升。

②搅拌与充气。搅拌和充气的作用，一是增加培养水中的溶解氧，二是防止饵料下沉，这是培养管理的一项重要措施。但是要适当控制搅拌和充气的强度。底栖和半底栖的桡足类有在池壁附近生活的习性，搅拌强度过大或充气量过大，有可能对其产生不利影响。

③控制温度、光照强度。应把温度和光照强度控制在最适宜范围。温度不宜变化过大。

④水质控制指标。桡足类培养中水质变化不宜过大，特别是投喂人工饲料时更要注意。培养过程中溶解氧应大于 5 毫克/升，pH 应控制在 7.5～8.6。如果溶解氧和 pH 过低，应加强通气。

⑤收获。培养的桡足类最高密度都有一定界限，并且随培养条件不同而不同。据报道，虎斑猛水蚤的增殖密度，在 1 升水槽中为 3 万个，在 30 升水槽中为 1.8 万个/升，1 吨水槽中可达 1.5 万个/升，在 40 吨水池中用油脂酵母作饵料达到 3.6 万个/升，在 200 吨水池用面包酵母作饵料，增殖密度也达到 1.58 万个/升。在密度达到一定水平后，就要收获其中的一部分，这对桡足类长期的稳定的增殖是有利的。每次收获量的大小，以不影响其增殖为准。如果每次的收获量过小，则现存量就大，桡足类则处于较高密度状态，对其生长繁殖不利。相反，如果每次的收获量过大，则现存量就小，参与繁殖的个体数量就小，也影响其增殖的速度。因此，每次收获总量的 10% 左右。收获方法是用网目 0.33 毫米的网捞取。收获的个体主要是成体和后期桡足类幼体。

5. 孑孓的培育

孑孓是按蚊的幼虫，在水中发育，几乎只要有一点污水存在，就会有孑孓大量孳生，由于它们常在水中扭动，故人们又形象地称之为跟头虫。培育方法：在塑料盆和旧缸中，注入五分之四的干净水，放入少量的稻草培肥水质，即可引来雌按蚊产卵，不久便会繁殖有大量的孑孓，以后每隔十天，用网袋将孑孓捞出喂鱼。要注意控制好采收孑孓的时期，以防羽化成蚊子而造成危害。

6. 枝角类的培养

枝角类是鱼虫的代表种类，有 20～30 种之多，它们都是金鱼喜食的最好饵料。枝角类主要营单性生殖，也称孤雌生殖，只有在环境条件恶劣时，才进行有性生殖。故一年中有性生殖出现的次数不多。每个枝角类成虫一生可产卵约 10 次，每次产卵 100 粒左右，总共可达千余粒，所以如果培养得法，产量还是很高的。枝角类繁殖的最适温度为 18～25℃。当水温降至 5℃ 左右时，停止产卵，水温升至 10℃ 时又恢复产卵。枝角类的培养规模，可视需要确定。

（1）小规模培养　一般家庭养鱼可用养鱼盆、花盆及玻璃缸等作为培养器具。如用直径 85 厘米的养鱼盆，先在盆底铺厚 6～7 厘米的肥土，注入自来水约八成满，再把培养盆放在温度适宜又有光照的地方，使菌、藻类大量繁殖，然后引入枝角类 2～3 克作种源，经数日即可繁殖后代。其产量视水温和营养条件而有高有低，当水温为 16～19℃ 时，经 5～6 天即可捞取枝角类 10～15 克；当水温低于 15℃ 时，繁殖极少。培养过程中，培养液肥度降低时，可用豆浆、淘米水、尿肥等进行追肥。另外，也可用养鱼池里换出来的老水作培养液，因这种水内含有各种藻类，都是枝角类的好食料，故培养效果较好，但水中的藻类也不能太多，多了反而不利于枝角类取食。

（2）大规模培养　适用于金鱼养殖场，因为生产商品性金鱼时，需要枝角类的数量较大，宜用土池或水泥池大规模培养。面积大小视需要决定，但池子的深度要达 1 米左右，注水七八成满，加入预先用青草、人畜粪堆积发酵的腐熟肥料，按每 667 米^2 水面 500 千克的量施肥，使菌类和单细胞藻类大量孳生。然后投入枝角类成虫作为种源，经 3～5 天培养，待见到有大量鱼虫繁殖起来，即可捞虫喂鱼。捞取鱼虫后应及时添加新水，同时再施追肥一次，如此继续培养、陆续捞取。只要水中溶解氧充足、pH 值 7.5～8.0、有机物耗氧在 20 毫克/升左右、水温适宜时，枝角类的繁殖很快，产量很高。

7. 螺旋藻的培养

螺旋藻约 30 种，是个体较大的种类，在人工养殖条件下，每 667 米^2

水面可年产 1500 多千克。螺旋藻含蛋白质、脂肪、维生素的数量均较高，含有鱼类所必需的氨基酸，用其干粉加入人工合成饵料喂鱼，可加快生长速度，提高繁殖能力，使鱼体色泽艳丽。

（1）室内培养　用磷肥：生石灰：牛粪：塘泥：井水＝0.1：0.1：1：100：1000 的比例配制培育液，放入内径 30 厘米、深 20 厘米的圆形玻璃水槽内，再将水槽放入能进入自然光的玻璃橱内。水槽上装有 40 瓦日光灯管 2 根，距液面约 20 厘米。待培养液的温度接近于藻体液温度时再放入藻种，每槽放入每毫升含 30 万～50 万个藻体的藻体液 40～50 毫升，使槽内的浓度为每升含 300 万个左右的藻体为宜。培养槽水温为24～28℃，一般经 5～7 天培养即可收获。藻液收获量相当于表面水的 1/3～2/3（约 60～120 毫升），然后加入与收获量相等的水。一般每槽收获了 3～5 次后，即应换槽配新的培养液重新培养。

配制培养液的塘泥，以含水量在 20％～40％的黑塘泥为好，并要求选择清塘彻底、水源干净的塘泥。同时注意在采集、注水、接种、收获过程中避免污染，以防带入有碍藻体繁殖的生物，一旦发现，应及时清除。

（2）室外培养　用池塘培养时，先排干池水，每 667 米^{2}用生石灰 75 千克左右清塘。然后再将 750 千克牛粪均匀地撒在池底，塘泥要撒匀，再注入新水约达 0.5 米深。待水温稳定在 20℃以上，即可投放种源。经 7～10 天，即出现螺旋藻水花，到大量形成时，水花则呈翠色絮状。

培养池开始投入种源时，水位宜浅，水温易提高，一般 0.5 米深即可。待水花形成后，再注水加深水位。并按加入的水量补充肥料，施基肥时要一次施足，用量按 0.5 米的水深计算用肥。

螺旋藻繁殖盛期，在烈日下死亡很快，死藻体分解耗氧及其产物影响水质，也会引起鱼类浮头，此时应及时排除旧藻体，并注入新水来解救。大量浮游动物或其他藻体生长时，应及时捞出，以免影响螺旋藻的生长。

8. 蚯蚓的培养

蚯蚓穴居土中，以土壤中的腐殖质为食。除金属、玻璃、塑料和橡胶外，许多有机废弃物和污泥都可作为蚯蚓的食料，如纸厂、糖厂、食品厂、水产品加工厂、酒厂的废渣，污水沟的污泥，禽畜粪便，果皮菜叶，杂草木屑等。但这些有机物忌含矿物油、石灰、肥皂水和过高的盐分。

蚯蚓在 10～30℃之间均能生长繁殖，最适温度为 20～25℃。土壤含水率要求为 35%～40%，酸碱度以 pH 值 6.6～7.4 较适宜。蚯蚓雌雄同体，但需异体受精方能产卵，受精卵在茧内经 18～21 天后发育成幼蚓。小蚯蚓从出生到成熟约需 4 个月，成熟后每月产卵一次，每次繁殖 10～12 条，好的品种一年可繁殖近千倍。

培养蚯蚓的基料和饲料要求无臭味、无有毒物质，并已发酵的腐熟料。基料的制作与饲料基本相似，即把收集的原料按粪 60%、草 40% 的比例，层层相间堆制（全部为粪料亦可）。若料较干，则于堆上洒水，直至堆下有水流出为止。待堆上冒白烟后就可进行翻堆，重新加水拌和堆制。如此重复 3～5 次，整堆料都得到充分发酵后就可作为蚯蚓的基料和饲料。如全部用粪料堆制，可不必翻堆。

蚯蚓培养可采用槽式、围地、土坑和饲料地养殖等各种方式。将发酵好的基料铺在饲养容器内，厚度约 10～30 厘米。引入蚓种，每平方米可放 1000～2000 条。基料消耗后要及时加喂饲料，方法有三种：团状定点投料，隔行条状投料和块状投料。新料投入后，蚯蚓自行爬进新料中取食。可将陈料中的卵包收集孵化，孵化时间与温度有关，15℃时约 30 天，20℃时约 20 天，温度越高时间越短，但孵化率越低。

蚯蚓的饲养管理主要需做到这几条：①保证基料、饲料疏松通气；②保持湿润；③防毒、防天敌，如预防蛆、蚂蚁、青蛙、老鼠等及农药危害；④避免阳光直射和冰冻。

蚯蚓的收集可利用它怕光、怕热、怕水淹的特点和用食物引诱的方法进行。

9. 蛆蛹的培养

蛆蛹为蝇的幼虫，是一种营养价值很高的蛋白饲料，干物质中蛋白质含量达 50%～60%、脂肪达 10%～29%。用于饲养家禽或鱼、鳖、龟、虾等，效果与鱼粉相似。

蛆蛹生产由饲养成蝇、培养蛆蛹和蛆粪分离三个环节组成。

（1）成蝇饲养　成蝇生长繁殖的适宜温度为 22～30℃，相对湿度为 60%。成蝇的饵料，大都是由奶粉、糖和酵母配合而成，亦可用鸡粪加禽畜尸体，或用蛆粉和鱼粉代替奶粉饲养。培养房内设方形或长方形蝇笼，笼内置水罐、饵料罐和接卵罐。雌蝇在羽化后 4～6 天开始产卵，每只雌蝇一生产卵千粒左右，寿命约 1 个月。接卵时，用变酸的奶、饵料加几滴稀氨水和糖水，再加少量碳酸铵或鸡粪浸出液，将布或滤纸浸润后放入接卵罐内，成蝇就会将卵产于布或滤纸上。

（2）蛆蛹的培养　养蛆房内温度应保持 22～27℃，相对湿度 41％。培养盘的大小以方便为原则，内铺新鲜鸡粪，厚度 5～7 厘米，鸡粪含水量为 65％～75％。为更好地通气，可在鸡粪中适当掺入一些麦秸或稻糠。每千克鸡粪可接卵 1.5 克。幼虫期为 4～9 天。

（3）蛆粪分离　一般直接把蛆和消化过的鸡粪一并烘干作饲料。若要分离时，可利用蛆避光的特点进行。

10. 土法培育蝇蛆

（1）引蝇育蛆法　夏季苍蝇繁殖力强，可选择室外或庭院的一块向阳地，挖成深 0.5 米、长 1 米、宽 1 米的小坑，用砖砌好，再用水泥抹平。用木板或水泥预制板作为上盖，并装上透光窗，用玻璃或塑料布封住窗户（透光窗）。再在窗上开一个 5 厘米×15 厘米的小口，池内放置烂鱼、臭肠或牲畜粪便，引诱苍蝇进入繁殖，但一定要注意让苍蝇只能进不能出，雨天应加盖，以免雨水影响蝇蛆的生长。蛆虫的饲料，采用新鲜粪便效果较佳。经半个月后，每池可产蛆虫 6～10 千克，不仅个体大，而且又肥又嫩，捞出消毒后即可投喂。

（2）土堆育蛆法　将垃圾、酒糟、草皮、鸡毛等混合搅成糊状，堆成小堆，用泥封好。待 10 天后，揭开封泥，即可见到大量的蛆虫在土堆中活动。

（3）豆腐渣育蛆法　将豆腐渣、洗碗水各 25 千克，放入缸内拌匀，盖上盖子，但要留一个供苍蝇进去的入口，沤 3～5 天后，缸内便繁殖出大量的蛆虫，把蛆虫捞出消毒、洗净后即可投喂各种名优动物。也可将豆腐渣发酵后，放入土坑，加些淘米水，搅拌均匀后封口，大约 5～7 天也可产生大量蝇蛆。

（4）牛粪育蛆法　把晾干粉碎的牛粪混合在米糠内，用污泥堆成小堆，盖上草帘，10 天后，可长出大量小蛆。翻动土堆，轻轻取出蛆后，再把原料装好，隔 10 天后，又可产生大量蝇蛆。因此，这种方法可以持续不断地供应活饵料。

（5）黄豆育蛆　先从屠宰场购回 3～4 千克新鲜猪血，加入少量柠檬酸钠抗凝结，放入盛放水 50 千克的水缸中，再加少量野杂鱼搅匀，以提高诱种蝇能力。然后准备一条破麻袋覆盖缸口，用绳子扎紧，置于室外向阳处升高料温。种蝇可以从麻袋口处进入缸内，经 7~10 天即有蛆虫长出。再将 0.5 千克黄豆用温水浸软，磨成豆浆倒入缸中以补充缸料。再经 4~5 天后，就可以用小抄网捕大蛆投喂水产品，小蛆虫仍然放回缸内继续培养。以后只要勤添豆浆，就可源源不断地收取蛆虫，冬季气温较低时，可加温繁育。

（6）水上培育 将长方形木箱固定于水上浮筏，木箱箱盖上嵌入两块可浮动的玻璃，作为装入粪便或鸡肠等的入口。在箱的两头各开一个 5 厘米×10 厘米的长方形小孔，将铁丝网钉在孔的内面，并各开一个整齐的水平方向切口，将切口的铁丝网推向内面形成一条缝，缝隙大小以能钻入苍蝇为度。箱的两壁靠近粪便处各开一个小口，嵌入弯曲的漏斗，漏斗的外口朝水面。在箱盖两块玻璃之间，嵌入一块可以抽出的木板，将木箱分割为二。加粪前先将箱顶用一块玻璃遮光，然后将中间隔板拨起，由于蝇类有趋光性，即趋向光亮的一端，再将隔板按入箱内，在无蝇的一端加粪。用此法培育的蛆可爬入漏斗后即自动落入水中，比较省事省力。苍蝇只能进入箱内，不能飞出，合乎卫生要求。

11. 黄粉虫的简单培育

黄粉虫，俗称面包虫。其幼虫含蛋白质 50%；蛹含蛋白质 57%；成虫含蛋白质 64%、脂肪 28%、碳水化合物 3%，还含有磷、钾、铁、钠、镁、钙等常量元素和多种微量元素、维生素、酶类物质及动物生长必需的 16 种氨基酸。用 3%~6% 的鲜虫可代替等量的国产鱼粉，被誉为"蛋白质饲料宝库"。国内外许多著名动物园都用其作为繁养殖名贵珍禽、水产的饲料之一，黄粉虫也是观赏鱼类养殖的主要易得且效果极佳的动物蛋白。

家庭培育黄粉虫，规模较小、产量很低，可用面盆、木箱、纸箱等容器放在阳台上或床下养殖，平时注意防止老鼠啃食、防止苍蝇叮咬，也要防止鸡啄食。具体的养殖模式有箱养、塑料桶养、池养和培养房大面积培养四种。

① 箱养：用木板做成培养箱（长 60 厘米、宽 40 厘米、高 30 厘米），上面钉有塑料窗纱，以防苍蝇、蚊子进入。箱中放一个与箱四周连扣的框架，用 10 目规格的筛绢做底，用以饲养黄粉虫。框下面为接卵器，用木

板做底。箱用木架多层叠起来，进行立体生产。

②塑料桶养：塑料桶大小均可，但要求内壁光滑，不能破损起毛边。在桶的 1/3 处放一层隔网，在网上层培养黄粉虫，下层接虫卵，桶上加盖窗纱罩牢。

③池养：用砖石砌成底 1 米² 大小、高 0.3 米的池子，内壁要求用水泥抹平，防止黄粉虫爬出外逃。

④培养房大面积培养：通常采用立体式养殖，即在室内搭设上下多层的架子，架上放置长方形小盘（长 60 厘米、宽 40 厘米、高 15 厘米），在盘内培养黄粉虫，每盘可培养幼虫 2～3 千克。

第四节　配合饵料

一、配合饲料的成分及优点

1. 配合饲料的成分

鱼类天然饵料的季节性和数量的不稳定性，制约了鱼类的正常生存发育，所以发展金鱼养殖业，光靠天然饵料是不行的，除开展人工培养鱼虫外，必须发展人工配合饵料以满足要求。人工配合颗粒饵料，要求营养成分齐全，主要成分应包括蛋白质、糖类、脂肪、无机盐和维生素五大类。配合饲料的原料主要有鱼粉、蚕蛹粉、大麦粉、麸皮、酵母粉、维生素、青饲料等，它们按一定的比例混合，采用机制生产流水线，加工、成型、烘干一条龙，加工成各种大小的颗粒饲料。

配合饲料的原料组成包括：蛋白饲料、能量饲料、粗饲料、增色饲料（增色剂）、饲料添加剂（微量元素、维生素等）等。

常见的蛋白饲料有豆粕（饼）、菜籽粕（饼）、花生粕（饼）、鱼粉、血粉、羽毛粉、肉粉与肉骨粉。常见的能量饲料有谷实类、糠麸类。常见的增色饲料有海带粉、螺旋藻粉、胡萝卜、番瓜、血粉、虾红素、草粉、人工合成增色剂等。

原料的不同搭配及配比就构成了多样的配合饲料，主要可以分为高蛋白质配合饲料、高能量配合饲料、全价配合饲料、增色饲料等。这些饲料在金鱼养殖中都广为应用。

2. 配合饲料的优点

配合饲料主要有以下四个优点：

第一是营养价值高，适合于集约化生产。观赏鱼的配合饲料是运用现代观赏鱼的鱼类生理学、生物化学和营养学最新成果，根据分析不同种类的观赏鱼在不同生长阶段的营养需求，经过科学设计配方与加工配制而成，因此有的放矢，大大提高了饲料中各种营养成分的利用率，使营养更加全面、生物学价值更高。例如金鱼配合饲料的基本营养成分为粗蛋白 37.11%、粗脂肪 2.63%、粗纤维 3.69%、粗灰分 9.58%、无氮浸出物 36.98%。

第二是扩大了饲料的来源。它可以充分利用粮、油、酒、药、食品与石油化工等产品，符合可持续发展的原则。

第三是可以按照观赏鱼的种类、规格大小配制不同营养成分的饲料，使之最适于养殖对象的需要，同时也可以加工成不同大小、硬度、密度、浮沉、色彩等完全符合养殖对象需要的颗粒饲料。它具有动物蛋白和植物蛋白配比合理、能量饲料与蛋白饲料的比例适宜、具备营养物质较全面的优点。同时在配制过程中，适当添加了各种观赏鱼特殊需要的维生素和矿物质，同时也含有增色剂、显色剂等，以便各种营养成分发挥最大的作用，并获得最佳的饲养效果。

第四是配合饲料的生产可以利用现代先进的加工技术进行大批量工业化生产，也便于运输和储存。

二、原料的选择要求

为配制出高品质的配合饲料，在选择配合饲料的原料时应注意以下几个问题：

1. 饲料原料的营养价值

在配合饲料时必须详细了解各类饲料原料营养成分的含量，有条件时应进行实际测定。

2. 饲料原料的特性

配制饲料时还要注意饲料原料的有关特性。如适口性、饲料中有毒有害成分的含量、有无霉变、来源是否充足、价格是否合理等。

3. 饲料的组成

饲料的组成应坚持多样化的原则，这样可以发挥各种饲料原料之间的营养互补作用，如目前提倡多饼配合使用，以保证营养物质的完全平衡，提高饲料的利用率。

4. 其他特殊要求

原料的选择要考虑水产饲料的特殊要求，考虑它在水中的稳定性，须选用α-淀粉、谷朊粉等。

三、金鱼配合饲料使用的原料

1. 常见的蛋白饲料

常见的植物蛋白饲料有黄豆、豌豆、蚕豆、杂豆、豆饼、棉仁饼、菜籽饼、芝麻饼、花生饼等。另一类比较优质的动物蛋白饲料是鱼粉、骨肉粉、虾粉、蚕蛹粉、肝粉、蛋粉、血粉等。蛋白分解之后变成氨基酸，氨基酸添加剂是蛋白质的营养强化剂。饲料中添加少量的必需氨基酸，可与饲料中的氨基酸配套齐全，提高饲料的利用率。

（1）豆粕（饼）　豆粕（饼）蛋白含量在40％～48％，赖氨酸含量高（2.45％），因制造工艺不同，其营养价值有很大差异。这种饲料目前使用较多。

（2）菜籽粕（饼）　粗蛋白含量较高为35％～40％，由菜籽提取油后得到的菜籽粕饼是良好的蛋白质饲料资源。菜籽粕（饼）目前很少使用。

（3）花生粕（饼）　粗蛋白36％～38％，花生仁经脱壳、榨、浸提去油后得到的饼粕。这种饲料目前使用较少。

（4）鱼粉　鱼粉是最常用的动物性蛋白质饲料。优质鱼粉蛋白质含量在60％以上，是整体鱼粉分离出油脂后，加工、干燥制造的。而将食用鱼类加工后的残渣制成的产品，实际上是鱼渣。由于加工原料与工艺条件不同，各地生产的鱼粉质量有很大差别，使用时要特别注意。鱼粉是使用最多的一种蛋白饲料。

（5）血粉　血粉蛋白质含量高达80%以上，屠宰场畜、禽血液干燥后制成的粉末即成血粉，由于加工方式不同，质量差异很大。血粉目前使用较多。

（6）羽毛粉　粗蛋白含量高达70%以上，羽毛粉亦称水解羽毛，是将清洁羽毛在高温、高压下水解、干燥、粉碎的产品。羽毛粉目前很少使用。

（7）肉粉与肉骨粉　肉粉粗蛋白含量高（50%～60%），屠宰场、罐头厂及其他肉品加工厂收集的碎肉及连骨肉片加工、处理成为肉粉。如含骨多称为肉骨粉，美国规定含磷量在4.4%以下的为肉粉，4.4%及以上的为肉骨粉。

2. 常见的能量饲料

干物质中含粗蛋白质低于20%（不包括20%），粗纤维低于18%（不包括18%）为能量饲料。能量饲料在日粮中占有相当大的比例，一般占50%以上，所以说能量饲料的营养特性显著地影响着配合饲料的质量。各种饲料所含的有效能多少不一，这主要取决于粗纤维含量。目前，常用的能量饲料主要是谷实类如玉米、稻谷、大麦、小麦、燕麦、粟谷、高粱及它们的加工副产品，其他一些能量饲料如块根、块茎、瓜果类在鱼用配合饲料中不常用。

（1）谷实类　主要有玉米、高粱、大麦、小麦、稻谷、荞麦等，其营养成分的主体是淀粉，占70%以上；粗蛋白质不多，一般为10%上下；粗脂肪、粗纤维、粗灰分各占3%左右；水分14%左右。优点：含大量淀粉，粗纤维少，适口性好，消化率高，是最重要的能量饲料。缺点：蛋白质含量低，而且一些重要的必需氨基酸（赖氨酸、蛋氨酸等）含量很少；矿物质贫乏，含钙一般为0.02%～0.09%，含磷不足0.3%；除黄玉米外，禾本科谷实基本都不含维生素A及维生素D，其他维生素含量也较少。

（2）糠麸类　包括麦麸、稻糠、高粱糠等。其特点是：粗蛋白质含量（10%～16%）高于谷实类；粗纤维较多（10%～25%）；淀粉少于谷实类，能量较低；贫钙而磷多；维生素 E 丰富，B 族维生素也较谷实类多。总之，这类饲料能量和消化率低于谷实类，但蛋白质、矿物质和维生素含量高于谷实类。

3. 粗饲料

干物质中粗纤维含量在 18% 及以上的饲料，都属于粗饲料。主要是作物的秸秆、藤叶、秕壳、干草，尤其是豆科的藤叶、秸秆是营养价值较高的一类粗饲料。

4. 常用的添加剂

添加剂一般分为四类，分别是矿物质添加剂、氨基酸添加剂、维生素添加剂、非营养性添加剂。

（1）矿物质添加剂　矿物质中包括常量和微量元素。一般植物性饲料中缺乏钙、磷、氯、钠，可用食盐补充氯和钠的需要。滑石粉、蛋壳粉、贝壳粉、骨粉、脱氟磷矿粉都含有钙和磷。微量元素中，目前已知在饲料中缺乏，但添加之后在养殖生产中能发挥作用的有铁、锌、铜、锰、钴等。在配合饲料中选配哪几种矿物质及其使用的比例，这与所产饲料原料的地区性关系很大。如有的地区缺铜，而有的地区缺锌，配料时应了解这些元素在饲料中的含量，再按饲养标准确定添加矿物质的种类和数量。

（2）氨基酸添加剂　根据对鱼类所需氨基酸的研究，证明了鱼类必需氨基酸有十多种，最主要的有赖氨酸、蛋氨酸和色氨酸。作为饲料添加剂用的氨基酸工业产品有 DL-蛋氨酸、L-盐酸赖氨酸、甘氨酸、谷氨酸钠、L-色氨酸等。饲料中氨基酸的含量差别很大，很难规定一个统一的添加比例，目前一般添加量为饲料总重量的 0.1%～0.3%，具体添加比例，要根据饲料中的营养浓度和饲养实践来确定。

（3）维生素添加剂　目前可作为饲料用的维生素添加物主要有：维生素 A 粉末、维生素 A 油、维生素 D_2 油、维生素 E 粉末、维生素 E 油、维生素 K 粉末、维生素 B_1、维生素 B_2、维生素 B_6、烟酸、泛酸等。

（4）非营养性添加剂　包括激素、抗生素、抗寄生虫药物、人工合成抗氧化剂、防霉剂等，使用时严格按生产厂家说明书添加。任何同效的两种添加剂不得向一种饲料中同时加入。

5. 常见的增色饲料（增色剂）

（1）海带粉　含有较多的类胡萝卜素和碘，在饲料中可添加 2%～3%。

（2）螺旋藻粉　螺旋藻含蛋白质 68%，还含有脂肪、糖类、纤维素、钾、钙、镁、锌、硒、磷及维生素 A、维生素 B_1、维生素 B_2、维生素 B_{12}、维生素 C、维生素 E 等多种营养成分。在饲料中可添加 1%～2%螺旋藻粉。

（3）胡萝卜　每 1000 克胡萝卜内含有胡萝卜素 522 毫克、叶黄素 528 毫克，是一种较好的增色剂。0.1%～0.5%的胡萝卜素有很好的增色效果。

（4）番瓜　番瓜实际上也是一种较好的增色饲料，尤其是老番瓜，在配合饲料中添加部分番瓜可使金鱼的体色增艳加深。

（5）血粉　血粉既是一种蛋白质饲料，同时也是一种增色饲料，其内含有丰富的血红素，是一种增色剂。

（6）虾红素　虾红素是从虾、蟹、藻类中提取的（现在也有人工合成的），是一种效果很好的增色饲料，但价格也较高，一般在饲料中添加 0.1%～0.5%就可以了。

当然，不管是哪种饲料，绝对不只限于这里所载的这些，如蛋白质饲料还有蚕蛹、酵母粉等，能量饲料还有块根、块茎类等，增色饲料还有草粉、人工合成增色剂等。

四、饲料配方设计的原则

由于配合饲料是基于饲料配方的加工产品，所以饲料配方设计的合理与否，直接影响到配合饲料的质量与效益，因此必须对饲料配方进行科学的设计。饲料配方设计必须遵循以下原则。

1. 营养原则

必须以营养需要量标准为依据。根据水产动物的种类、生长阶段和生长速度选择适宜的营养需要量标准，并结合实际养殖效果确定出日粮的营养浓度，至少要满足能量、蛋白质、钙、磷、食盐、赖氨酸和蛋氨酸这几个营养指标。同时要考虑到水温、饲养管理条件、饲料资源及质量、水产动物健康状况等诸多因素的影响，对营养需要量标准灵活运用、合理调整。

注意营养的全面和平衡。配合日粮时，不仅要考虑各营养物质的含量，还要考虑各营养素的全价性和平衡性，营养素的全价性即各营养物质（如能量与蛋白质、氨基酸与维生素、氨基酸与矿物质等）之间以及同类营养物质（如氨基酸与氨基酸、矿物质与矿物质）之间的相对平衡。因此，应注意饲料的多样化，尽量多用几种饲料原料进行配合，取长补短。这样有利于配制成营养完全的日粮，充分发挥各种饲料中蛋白质的互补作用，提高日粮的消化率和营养物质的利用率。

考虑水产动物的营养生理特点。大多数鱼类不能较好地利用碳水化合物，过多的碳水化合物易发生脂肪肝，因此应限制碳水化合物的用量。胆固醇是合成虾蜕皮激素的原料，饲料中必须提供。卵磷脂在脂溶性成分（脂肪、脂溶性维生素、胆固醇）的吸收与转运中起重要作用，虾饲料中一般也要添加。

2. 经济原则

在水产养殖生产中，饲料费用占很大比例，一般要占养殖总成本的70%～80%。在配合饲料时，必须结合水产养殖的实际经验和当地自然条件，因地制宜、就地取材，充分利用当地的饲料资源，制订出价格适宜的饲料配方。优选饲料配方要注意的是，既要保证营养能满足动物的合理需要，又要保证价格最优。也只有合理地选用饲料原料、正确地给出约束条件中的限定值，才能实现配方的营养原则和经济原则。一般说来，利用本地饲料资源，可保证饲料来源充足、减少饲料运输费用、降低饲料生产成本。在配方设计时，可根据不同的养殖方式设计不同营养水平的饲料配方，最大限度地节省成本。此外，开拓新的饲料资源也是降低成本的途径之一。

3. 卫生原则

在设计配方时，应充分考虑饲料的卫生安全要求。考虑营养指标的同时应注意饲料原料的卫生指标，所用的饲料原料应无毒、无害、未发霉、无污染，严重发霉变质的饲料应禁止使用。在饲料原料如玉米、米糠、花生饼、棉仁饼中，因脂肪含量高，容易发霉，感染黄曲霉并产生黄曲霉毒素，损害肝脏。此外，还应注意所使用的原料是否受农药和其他有毒、有害物质的污染。

4. 安全原则

安全性是指依所设计的添加剂预混料配方生产出来的产品，在饲养实践中必须安全可靠。所选用原料的品质必须符合国家有关标准的规定，有毒有害物质含量不得超出允许限度；不影响饲料的适口性；在饲料与动物体内，应有较好的稳定性；长期使用不产生急、慢性毒害等不良影响；在畜产品中的残留量不能超过规定标准；不得影响水产品的质量和人体健康；不导致亲鱼生殖生理的改变或繁殖性能的损伤；维生素含量等不得低于产品标签标明的含量及超过有效期限。

5. 生理原则

科学的饲料配方，其所选用的饲料原料还应适合鱼类的食欲和消化生理特点，所以要考虑饲料原料的适口性、调养性和消化性等。

6. 优选配方步骤

优选饲料配方主要有以下步骤：①确定饲料原料种类；②确定营养指标；③查营养成分表；④确定饲料用量范围；⑤查饲料原料价格；⑥建立线性规划模型并计算结果；⑦得到一个最优的饲料配方。

五、饲料配方设计的方法

饲料配方计算技术是动物营养学、饲料科学同数学与计算机科学相结合的产物。它是实现饲料合理搭配，获得高效益、降低成本的重要手段，是发展配合饲料、实现养殖业现代化的一项基础工作。常用的计算饲料配方的方法有：试差法、对角线法、连立方程法等，使用时各有利弊。

六、饲料配方举例

根据我们的试验，金鱼的颗粒饲料要求粗蛋白含量在28%～38%、粒径2～3毫米比较合适，这里介绍几则有益的饲料配方实例，仅供参考。

鲱鱼粉 25%、大豆粕 30%、面粉 22.5%、清糠（或小麦细麸粉）10%、棉籽粕 5.2%、菜籽粕 4%、鱼油 2%、维生素预混料 0.15%、矿物质预混料 0.1%、磷酸二氢钙 1%、包膜维生素 C 0.05%。粗蛋白质含量为 37%。

红鱼粉 12%、大豆粕 30%、鱼精粉 1%、大麦片 10%、油糠 28%、麸皮 6%、尾粉 10%、磷酸氢钙 0.3%、碳酸钙 0.2%、大豆油 1%、食盐 0.5%、预混料 1%。粗蛋白质含量为 28%。

鱼粉 38%、骨粉 5%、脱脂奶粉 5%、棉籽粉 15%、小麦粉 22%、啤酒酵母 10%、维生素混合剂 4.5%、纤维素粉 0.5%。粗蛋白质含量为 33%。

肝粉 100 克、麦片 120 克、绿紫菜 15 克、酵母 15 克、15%虫胶适量。

干水丝蚓 15%、干子孓 10%、干壳类 10%、干牛肝 10%、四环素族抗生素 18%、脱脂乳粉 23%、藻酸苏打 3%、黄蓍胶 2%、明胶 2%、阿拉伯胶 2%、其他 5%。

七、饲料加工

饲料加工是指将饲料原料充分粉碎、混合后制作成具有一定的物理形状的生产过程。加工方法有机械加工和半机械加工两种。一般饲料成品有粉状和颗粒状两种。颗粒饲料制粒方法有压力法和膨化法。

生产上，用作金鱼的饲料一般制作成湿软颗粒或面团状，这两种形状的饲料对金鱼都有较好的适口性。为使鱼类能够有效摄食和减轻水质污染，饲料最好加工成可在水中有一定稳定时间的颗粒。

湿软颗粒饲料或半干颗粒饲料的制作方法是在干的经粉碎的原料中加入水和某种亲水胶体黏合剂，如羧甲基纤维素、α-淀粉或苜蓿粉，再混合制成柔软的湿颗粒。湿颗粒饲料的优点是对鱼类的适口性好、加工设备简单、不需要加热和干燥设备等，但缺点是易变质，如不立即投喂或冷冻保存，很容易受微生物污染或被氧化。制作湿颗粒饲料的某些原料应进行消毒处理，使可能存在的病原体和硫胺素酶失活。如无冷冻条件，可在湿颗粒饲料中加入丙烯乙二醇之类的致湿剂，可以降低水的活性使微生物无法生存；或加入丙酸、山梨酸之类的防霉剂，抑制霉菌的生长。一般情况下，湿颗粒饲料都应在密封状态下低温储存，以防变质。制作湿软颗粒饲料时，水的适宜加入量为 30%～40%。

八、影响配合饲料质量的因素

影响配合饲料质量的因素是多方面的，概括起来有以下几个方面。

1. 饲料原料因素

饲料原料是保证饲料质量的重要环节。劣质原料不可能加工出优质配合饲料。为了降低饲料成本而采购价廉而质次的原料是不可取的。

2. 配合饲料配方因素

饲料配方的科学设计是保证饲料质量的关键。配方设计不科学、不合理就不可能生产出质量好的配合饲料。

3. 饲料加工因素

配合饲料的加工与质量关系极为密切。仅有好的配方、好的原料，如加工过程不合理也不能生产出好的配合饲料。在加工过程中影响饲料质量的有：粉碎粒度是否够细，称量是否准确，混合是否均匀，除杂是否完全，蒸汽的温度、压力是否适宜，造粒是否压紧，颗粒大小是否合适，熟化温度及时间是否科学等。

4. 饲料原料和成品的储藏因素

饲料原料和成品的运输、储藏决不能掉以轻心，必须采取有力措施、加强管理以保证其质量。

第五节　投饲技巧

一、金鱼的觅饵习性

金鱼是变温动物，它的一切活动与水温的变化息息相关。金鱼活动的大部分内容是在水中寻饵觅食，它们和平相处，没有占领地盘的习惯。在金鱼养殖场，黎明时，常见金鱼沿池边缘觅食。当饲养人员走近，它们会齐刷刷地向前游来，俗称讨食，这时投放鱼饵，它们立刻蜂拥而至，抢夺鱼饵。水温在15℃以上时，金鱼的觅食活动较积极；水温超过30℃时，金鱼会停止觅食；水温低于5℃时，金鱼的觅食活动明显减少；水温在18～25℃时，金鱼的食欲最旺盛，鱼体生长发育也最迅速。

二、饲料的合理配比

营养丰富的饵料是保证金鱼生长、发育所必需的物质基础。应根据金鱼在不同生长阶段对营养成分的需要，适时调整饵料的种类和数量，保持饵料的常年稳定供应，以确保培养出健壮活泼、色泽鲜艳、体态优美的金鱼来。

金鱼是以动物性饵料为主的杂食性鱼类，究竟植物性饵料在饲养中占有多大比例才适宜，动物、植物性饵料的合理配比是多少，有人通过自己的长期试验得出的结论是：动物性饵料占70％～80％，植物性饵料只能占20％～30％，按此比例制作的饵料喂养的金鱼生长快、体质好、疾病少、发育好，能够正常繁殖后代。若植物性饵料所占比例过大，尤其是面条、米饭、面包等投喂过多，金鱼就会出现生长缓慢、颜色不鲜艳、性腺发育不良、产卵量减少，严重者还可以导致完全不育。

三、饵料的投喂方法

金鱼饵料有天然饵料和人工饵料之分，其投喂方法各异。

动物性饵料的投喂，给幼鱼投喂喜欢吃的动物性活食为佳。动物性天然饵料种类很多，目前多采用浮游动物作为金鱼饵料，如水蚤、轮虫等。这种饵料优点很多，但也带一些病原体到鱼池中造成金鱼发病死亡。所以投喂之前，要进行漂洗，洗掉杂质和污泥，再捞出用0.05％～0.1％的呋喃西林溶液消毒30分钟左右，杀灭其外带的细菌，再投喂金鱼。动物性天然饵料的投放量，以当晚吃完为原则，有的则按金鱼体重计算，按体重的（1/20）～（1/10）一次投喂。也有的按金鱼的头部大小计算投喂量，一年生的金鱼，其食量约为与头部大小相等体积的饵料的量；二年生的金鱼，其食量约为头部大小一半体积的饵料的量；三年以上的金鱼，其食量约为其头部大小三分之一体积的饵料的量。对 2～3 龄金鱼先喂一些死水蚤，再喂活水蚤。

植物性天然饵料的投喂通常用芜萍、小浮萍，2～3 天投喂 1 次。

人工饵料的投喂在天然饵料不足的情况下才进行。饵料的投喂量，一是按金鱼体重的 1/5 左右，分几次投喂；二是依据金鱼的食欲情况，按金鱼的吃食习惯搭设食台，遵照少量多次的办法，将饵料投放在食台上，夜间再将剩余的饵料取出来，以免污染水质。

生产性观赏鱼的饲养投喂时间一般在 4～9 月间。春、秋季节，水温适宜，水温多在 15～25℃，是金鱼一年之中食欲最旺盛的季节，要保持足够的投饵量，尽量让鱼吃饱，如一次投饵后，金鱼仍有寻饵活动，可作第二次补饵。盛夏季节，水温多在 25～30℃，有时水温也会超过 30℃，这时金鱼的食欲减弱，投饵量要减少，保持金鱼有 7～8 成饱即可，投饵时间要提前到早 7～8 点，争取在水温上升前，金鱼就能将饵料吃完。冬季，水温多在 7℃ 以下，金鱼的觅食活动较少，投饵量也要减少，投饵时间多选择在中午光照较强时，遇到水温 1～2℃ 时，也可停止投饵。

刚换新水，在开始的一两天投饵量略少些，当水色转绿时，要定量投喂，让金鱼吃饱吃足。繁殖季节的金鱼，投饵量较正常饵量减少1/2～1/3。体弱有病的鱼，投饵量较正常量减少 2/3。凡需长途运输的鱼类，要换新水，停饵 1～3 天。

四、不同品种金鱼的投喂技巧

1. 高头类品种的投喂技巧

这类品种包括高头、鹅头、狮子头、虎头及其相关品种等。

根据众多鱼友的实践经验，高头类的金鱼一年当中会有两个高头主要形成时期，第一个是幼鱼在 3～4 月龄（通常是在变色后的一个月左右）时，南方要比北方提前 10 天左右，当然不同品种间也有些差异，例如狮子头要比虎头提前 5 天左右，比高头提前 12 天左右；第二个是在深秋入冬的时期，这是金鱼头部隆起的主要时期。生产实践表明，金鱼的头部隆起时间与程度除了与品种有关，在饲料方面主要与蛋白质饲料的饲喂有很大的关系。因此，高头类的品种要在上述的两个时期特别注意高蛋白质饲料的投喂，最好投喂摇蚊幼虫和水蚯蚓。

2. 珍珠类金鱼的投喂技巧

珍珠类金鱼要确保两方面的优良性状，一是球状体形要足够圆，二是珍珠鳞粒粒突起，要像珍珠一样饱满、耀眼（皇冠珍珠当然要注意"皇冠"的发育）。因此，在养殖过程中要特别注意饵料的投喂，幼鱼主要考虑体形及体格的生长，必须以高能量、高蛋白的动物性饲料为主，最好投喂鱼虫、摇蚊幼虫、水蚯蚓等。由于珍珠鳞的形成与鳞片中钙质的沉淀有很大关系，因此当金鱼长到一定程度、珠鳞开始突出生长时，这时要及时调整投喂饵料，选择饵料时必须考虑珠鳞生长所需的营养成分，主要是钙质的补充，可投喂专用的含高钙的配合饲料，也可投喂去额剑的小虾、水蚤等饵料。还要注意的一点就是，在培育珠鳞的时候一定要合理控制鱼体的生长，否则就会造成珠鳞的生长与鱼体的生长不一致而导致松肩、珠鳞松弛等症，且可能造成珠鳞不完整。过了此阶段，进入成鱼养殖期后，只要均衡地投喂，养殖也就成功了一半。

在平时给珍珠鳞金鱼投喂饵料时，还要特别注意三点：一是鲜活饵料与配合颗粒料在不同时期必须合理地搭配，如果搭配不合理的话会导致要么就是球形不够圆鼓，要么就是珠鳞不完整或质松易脱落，要么就是皇冠不发达。二是平时的投喂量以金鱼8～9成饱最佳，太多会导致鱼体太胖而造成松肩及珠鳞松弛等，太少会导致鱼体太瘦、不够圆鼓。三是应少量多次投喂，使鱼体与珠鳞能均衡地生长。

3. 水泡类金鱼的投喂技巧

根据资料及鱼友的经验，鲜活的动物性饵料有利于水泡的长大，但长期用活饵投喂的金鱼水泡壁较薄，容易伤残、痿瘪或破水；长期单用配合饲料饲喂的水泡类金鱼水泡壁虽然较厚，但水泡较小，对人的视觉吸引力较小。因此，为了取得较好的效果，将两者结合饲喂效果会好些，在早期倾向于活饵适当多喂，6月龄后多投喂配合饵料。

4. 其他类金鱼的投喂技巧

金鱼在一年当中有两个明显的生长转折点，第一个是从鱼苗期到育成期，此阶段金鱼处于生长高峰期，主要是体形的增长，因此投喂不但要足量，而且要投以高蛋白、高能量的饲料，同时还要注意钙质的补充；第二个转折点是深秋入冬之时，金鱼需要积累能量以便过冬，这一时期金鱼在生长上主要体现的是品种特征的发育，如头肉的丰满、尾型的稳定、绒球的发达、颜色的稳定及加深等，因此这一阶段投喂要以高能量配合料为主，同时要注意增色饲料的投喂；如果是亲鱼，还要注意维生素 E 的添加等。

五、饵料投喂要点

金鱼的食性很广、较杂，但要做到真正掌握其食性特点、保质保量地把金鱼养好还是不容易的，必须强调几点：

① 饵料要适口，可以投喂颗粒状或条块状鱼饵，不喂粉状物质，并随鱼体的长大而调整。

② 鱼类在不同生长发育阶段的生理要求不同，因而对饵料成分的要求也有不同，必须根据金鱼生长需要，适当调节饵料中蛋白质比例，保证饵料质量。

③ 金鱼在幼鱼期投喂时要勤查鱼情，注意环境条件的改变。在外界环境溶氧不足时，要暂停投喂，直到环境适宜、鱼能自由游动时方可投喂饵料。经停食的幼鱼，再喂食时要先少喂，慢慢增加至正常投饵量。

④ 幼鱼在患病期间，一般以少投饵料为好，这是因为病鱼的消化机能大大减弱，多喂必产生饵料过剩情况，饵料残留在水中腐败变质而引起细菌的繁殖，对鱼体更为不利。

⑤ 金鱼越冬，水温在2℃以上时，还能吃食，可适当投饵；若水温在1℃下，几乎不吃食，不投饵。

⑥ 金鱼要有鲜丽的色彩，才具有较高的观赏价值，故要强调在老水（指已养过一个时期金鱼的澄清而颜色油绿的水）中养金鱼，因为老水中天然饵料种类多、营养成分齐全，有利于金鱼体内各种色素颗粒的形成和积累。

⑦ 投饵多样化，切忌长期投喂同一种饲料，要适时适当地调整饲料的种类和数量，做到动、植物饵料的合理搭配，防止营养缺乏，促使金鱼生长和正常发育。

⑧ 注意配合饲料与鲜活饲料的合理搭配投喂。很多鲜活饲料对金鱼的适口性很好，长期饲喂鲜活料的金鱼生长速度会相对较快、鱼体较丰满。但是，鲜活饲料饲养的金鱼比较娇嫩，抵抗力较弱，尤其是在池塘里大量养殖的金鱼不耐运输。用配合饲料喂鱼，其优点在于配合饲料的营养较均衡，可以根据不同品种、不同年龄段金鱼对营养及增色需求的不同而人工将原料合理搭配饲喂。用配合料饲养的金鱼体质健壮、肉质及鳞片生长紧凑、抵抗力较强，较能耐受不良环境。但是，长期用配合饲料喂鱼，金鱼的生长速度较慢，如果搭配的饲料原料及比例不合理，易造成鱼体营养不良，而且长期投喂易导致金鱼厌食、体内脂肪过多等。

因此在生产条件许可的情况下，我们建议将配合饲料与鲜活饲料搭配投喂。第一，金鱼日粮中的配合饲料和鲜活饲料应按一定的比例投喂：在非鱼病季节，鲜活饲料可适当多喂，在鱼病高发的季节，鲜活饲料适当少喂；第二，应因不同的养殖目的，养长大的鱼时活饵适当多喂，只养中、小鱼时配合料适当多喂；第三，青绿饲料作为辅助饲料，日饲喂量可占日粮的 10%～20%。

第三章

金鱼的繁殖

金鱼和普通的鲫鱼一样，是雌雄异体体外受精。在正常饲养条件下，金鱼苗经过一年的培育，即可达到性成熟。每当春暖花开的季节，也是金鱼快要产卵的时候，此时，金鱼的体色非常艳丽，游动活泼，这是由于性腺受到体内分泌激素以及外界环境的影响，两影响因素相互联系、相互制约而产生的生理现象。亲鱼能否顺利产卵，除内在的因素外，还必须创造外界条件来保证。

金鱼多数只在春季产卵1次，但如果在金鱼春季产卵后进行产后强化培养，加上创造最适的外界生活环境如延长日照时间等，能促使卵细胞的成熟，在有充足的水蚤饵料的情况下，在秋季温度适宜时还能产卵，只是产卵数量较少。

第一节　亲鱼的选择与培育

一、严格筛选亲本

"老子英雄儿好汉"，这句话用在金鱼亲本的筛选上最恰当不过了，只有优质的亲本才能保证优质的苗种供应，因此亲本的筛选对供应优质苗种显得尤为重要。通常从亲鱼的年龄、游姿、体态、色泽、体质、性成熟状况等方面严格挑选。一般用于亲本的金鱼要求年龄在3龄左右、怀卵量大、繁殖力强。年龄太小，造成子代个体小型化且性腺发育不良；年龄过大，畸形卵较多而且易发生流产、难产现象。体态要求端正匀称、典雅大方。游姿要求姿态柔和，优美如舞蹈，动感极强，停止时平衡感也强。色泽上要求艳丽迷人、品种特征明显、体色稳定。体质要求健康无伤残、活动反应敏捷、鳍条舒展有力、呼吸均匀。性成熟除了年龄上的要求外，在体态上要求饱满丰腴，雌性金鱼卵巢轮廓明显可见。

在繁殖季节主要依据第二性征来鉴别金鱼亲鱼的雌雄，平时则主要依形态、游姿等来鉴别。

二、雌、雄亲鱼的鉴别

金鱼和其他鱼类一样，雌雄异体，两者在外部形态上有一定的差别，现将雌、雄亲鱼鉴别方法简述如下：

1. 体形

雄性金鱼通常体细长，雌性金鱼体短而圆。在性成熟季节，雌鱼腹部较膨大而突出，雄鱼腹部突出不明显。即使是同一品种、体长相同的金鱼，其雌、雄体形也有差别。从背面观察，雄鱼胸鳍较长而尖些、尾柄粗些、腹部不凸出；而雌鱼的胸鳍较短而圆些、尾柄细些、腹部凸出。以腹部的轮廓来区别雌、雄，这一点特别在繁殖季节具有一定的准确性。

2. 体色

同一品种、同一大小和同一年龄的金鱼，雌、雄体色有一定的差异。雄鱼体色较鲜艳，且色较深，在繁殖季节尤为明显；而雌鱼色泽较淡、色较浅。例如鹤顶红的当年鱼到了秋季时，它们的体色就会有一点明显的变化，多数雄鱼的鳃盖下或尾鳍上稍带淡黄色，而雌鱼则为纯白色。

3. 鳍

在同一品种、同一大小和同龄的金鱼中鳍的差别是：雄鱼的尾鳍、胸鳍、背鳍都稍长些，而雌鱼的诸鳍稍短些，随年龄的增长这种差异日益显著。有的品种，如龙睛、蝶尾、墨龙睛等雄鱼的胸鳍硬棘还有些弯曲，而雌鱼是平直的。

4. 追星

在繁殖季节用追星来鉴别雌雄比较可靠。在生殖季节里，雄鱼的鳃盖上、胸鳍的硬刺上出现一颗颗乳白锥形小突起，称为"追星"，肉眼可见，有时背鳍、臀鳍上也出现，但以胸鳍最为普遍，用手去摸，有粗糙感。追星是表皮角质化的结构，系雄鱼的副性征，雌鱼一般没有追星，极个别年龄大的雌性金鱼有时也出现少量追星。

追星一般在繁殖季节出现，从初春开始，一直延续到清明以后，其他时期消失。体质差的雄鱼追星不明显。追星出现的时间及多少，除了与年龄和体质有关外，与温度高低、食物营养成分、光照等都有关系。追星多出现在水温12～28℃，20℃时出现最多。追星持续时间是15～40天，最明显时4～5天，以后逐渐消失。过3～10天再次出现，再次消失。有周期性地出现几次。

5. 游泳姿态

雄性金鱼胸鳍较长，因此游泳速度较雌鱼快，对外界刺激的反应相对来说要敏捷一些，在繁殖季节游泳活泼，主动追逐其他金鱼。

6. 腹部的硬度

在非繁殖季节里，用手轻压雌鱼的腹部，有柔软感；雄鱼的腹部是硬的。在繁殖季节里雌鱼的泄殖孔周围的腹部十分松软；雄鱼的腹部则仍然是硬的，轻压腹部有精液流出。不过，要特别提醒大家一下，用手去摸鱼时轻轻地触摸一下就可以了，手法不宜过重，如果过重对鱼儿可能会造成伤害。

7. 泄殖孔

观察泄殖孔的形状来鉴别金鱼的雌雄是最可靠的办法，这个方法适用于任何季节，尤其是当金鱼还小或不易从追星分辨时，那就只能通过泄殖孔区别。用左手抓住金鱼使其腹部朝上，用右手拨开腹鳍，拨掉粪便，可见雄鱼的泄殖孔小而狭长，如针状；雌鱼的泄殖孔大而圆。从侧面看，雄鱼的泄殖孔向里凹或是平的，看不见乳凸；而雌鱼的泄殖孔是凸的，乳凸较为明显，且年龄越大越明显。

三、亲鱼的选择与配组

掌握了金鱼的雌雄鉴别方法，在繁殖季节到来之前选择好亲鱼，在有条件的地方，头年的秋末就应对亲鱼进行初选，最晚要在清明前选好。对选好的亲鱼进行产前强化培育，保证亲鱼膘足健壮，这有利于亲鱼性腺的充分发育，以获得高质量的成熟卵和精液。选择亲鱼从下列几个方面去考虑：

1. 亲鱼选择的外形条件

亲鱼选择的条件，首先是要发育良好，即鱼体健壮、鳞片完整无缺、形态端正、游姿平稳、游动敏捷；其次要求鱼体色泽艳丽、特征明显；再有就是根据各品种所特有的特征选择，这样繁殖出的后代成活率高、正品数量多。对水泡、狮头等头部较大的金鱼，还要注意选留尾鳍较长的个体做亲鱼，以免后代出现头重尾轻、前后失去平衡的缺陷。

2. 亲鱼的年龄选择

我国北方地区一般以 2~3 龄金鱼作为亲鱼，亲鱼的受精率和孵化率都高，成色也好，残次品少。如果饲养管理好，生长发育快，全长 10~15 厘米的 1 龄鱼也可作亲鱼。据研究，体长 14~15 厘米、重 75 克的 3 龄金鱼怀卵量约 7 万~8 万。而南方多用 1~2 龄金鱼作亲鱼，4 龄以上的大鱼，由于怀卵量与卵质均较差，孵化率低，一般不留作亲鱼。

3. 亲鱼选择的途径

选择亲鱼的途径是最好在幼鱼培育时期就开始选苗，在饲养幼鱼过程中，注意加强对群体的观察。当发现某些褪色早、生长快、体态匀称、尾鳍长而大、品种特征明显的幼鱼，即按择优选留的原则，另外进行强化培育、观察，称作初选。待定型后，将其中一些全面符合标准的金鱼留作亲鱼。这样的亲鱼繁殖的后代，不仅成色好，而且品种特性稳定。这样一代接一代选育下去，几年后一定能培育出基因较稳定的优良品种。

4. 雌、 雄亲鱼个体大小的比例

一般雄鱼个体要小于雌鱼。雄鱼个体虽小但只要体壮、游动活泼、精液充足，受精率就高。如果雄鱼个体太大，就会追伤雌鱼。使用新雄（1~2 龄）与老雌（2~4 龄）亲鱼来进行交配效果很好，这样能够提高受精率。因为新雄鱼性欲旺盛，追逐雌鱼活动能力强，假如 1 尾老雌鱼能配上 2~3 尾新雄鱼，效果会更佳。

5. 选择肥胖适中的亲鱼

在选配中还要注意一个问题，过肥的雌金鱼都不宜留作种鱼。过肥的雌金鱼往往因体内较多的营养转化为脂肪，积于腹腔内，因而卵巢反而得不到充分的养分，鱼卵缺乏正常发育所需的营养，这样不仅会引起鱼卵的先天不足，而且由于脂肪过厚而影响到雌鱼的正常排卵，甚至会造成难产。同时，成熟的鱼卵大部分积于腹腔内，造成鱼腹膨胀、行动迟缓、食欲不振等现象，从而逐渐引起溃疡甚至死亡。所以，过分肥胖的金鱼不宜选作亲鱼。当然，过瘦的金鱼也不宜留作亲鱼，因为金鱼从小就处在挤压、缺氧、受饥挨饿、营养不良的环境中，身体必然瘦弱多病，生殖系统的发育当然也会受到或多或少的影响。用这种长期营养不良的金鱼作种鱼，鱼卵和精液相应地也得不到生长发育所必需的营养成分，往往造成鱼卵不易成熟、精液不能充盈，严重时，还有可能导致雌鱼不产卵、雄鱼精子活力差，甚至出现死精现象。

6. 亲鱼的饲养方法及雌雄的搭配比例

对所选亲鱼的饲养方式有两种，一种是雌雄分池饲养，另一种是雌雄同池混养，这两种饲养方式对金鱼亲鱼没有什么明显的区别。金鱼的发情期较短，短时间雌雄混养在一起，也不会有相互干扰的行为。且同池混养对于接受异性刺激、亲鱼追逐活力、受精率和孵化率等，相差不大，这样管理上比较方便。在温度适宜、其他环境条件也较好时，要随时监测亲本的性成熟度及反应情况，在临产前3～5天，将原来分开培育的雌、雄亲鱼合群在一个产卵池中强化催情，"交流感情"。

另一方面，雌、雄亲鱼的配对必须合理，才能达到最佳效果。由于金鱼繁殖属于半人工繁殖，因而要求雌雄性别比例达到2：3，如果雄体健壮、鱼体硕大、精子活力强，雌雄比例可达1：1。一般情况下，雌性要比雄性少，以保证充足健康的精子与卵子相融合。

为什么雄金鱼的比例一定要大于雌金鱼呢？理由有三：

第一，如果饲养环境、管理方法和饲料等方面情况相同，同批同类的雌、雄金鱼，一般来说其个体大小基本相同。然而，到繁殖季节前夕，大腹便便的雌金鱼其个体往往会比雄性金鱼大得多。在交尾过程中，雄金鱼不仅要出色地完成射精任务，在这之前，还要完成向雌金鱼"求爱""调情""追逐"的任务，对雌金鱼做出推、顶、撞的动作，同时用胸鳍和鳃盖上的追星去刺激雌金鱼腹部。因此，雄鱼消耗的体力比雌金鱼大得多，面对这些繁重的"体力劳动"，雄金鱼往往力不从心，希望其他雄金鱼来助一臂之力。

第二，由于金鱼是体外受精，雄鱼的每个精子不可能100％地与卵子结合。为了提高鱼卵的受精率，力求每个卵子能够与精子结合，就必须适当增加雄金鱼的比例，使鱼卵增加受精的机会，以扩大选苗比例。

第三，在饲养过程中也会出现漏卵现象。出于多方面的原因，有时雌金鱼的卵虽已成熟，但雄金鱼的生殖腺发育和精子成熟时间却有早有迟。遇到这种情况，发育成熟晚的雄鱼在交配时常常挤不出精液或只挤出少量精液，用肉眼观察，可以发现挤出的精液细得像线，并且不易扩散，颜色也淡，精子活力不强，造成受精率降低。所以，雄金鱼的比例一定要大于雌金鱼。

四、亲鱼的培育

亲鱼培育是人工繁殖的基础和关键。亲鱼饲养的好坏，对繁殖的成败影响极大，它关系到产卵顺利与否、产卵量的多少、卵质、精子质量以及后代成色等方面。

1. 亲鱼的秋季越冬

亲鱼一般在秋季选定，整个秋、冬季节都要加强培育，以秋季培育最为重要。越冬前的秋季，正是秋高气爽的好季节，水温适合金鱼生长，鱼的消化力很旺盛，应加强投喂。对亲鱼要进行越冬前及产后的强化培育，一是要及时并塘，冬季来临之前，露天饲养的金鱼要先并池，适当增加放养密度，鱼集中一处管理方便，有利防寒。二是要投喂营养丰富的饵料，多供给活的水蚤，促使其生长发育，积累体内蛋白质和脂肪，为越冬做准备，同时有利于雌、雄性腺的发育。对于2龄亲鱼，由于春季繁殖，体内营养大部分消耗，夏季高温，食欲有限，也需秋季育肥，为次年繁殖做准备。每天的喂食时间可延长，从上午7～8时至下午2时。

2. 亲鱼的冬季管理

亲鱼越冬后食欲锐减，体力较弱，必须精心培育，有条件的可在水池上搭塑料大棚作为温室，并设供暖设施，维持水温在25℃左右，每日投两次饵料。其要点是：一是将筛选的亲本按雌雄分开培育；二是彻底消毒和清整亲鱼培育水体；三是放养前要适量施有机肥，培养天然饵料；四是放养密度略低于商品金鱼，小水体一般为 $5\sim8$ 尾/米²；五是保持适宜水质，水呈茶褐色或油绿色，透明度 30 厘米左右，溶氧量达 $4\sim5$ 毫克/升以上，定期加水或排水，培育后期最好为微流水；六是动、植物性饵料合理搭配，定时、定点、定质、定量投喂，适量增加维生素 E、维生素 C 等，补充动物性活饵料，满足性腺发育需要；七是升温保温，防止温度骤变，一旦温差过大，将直接影响金鱼的性腺进一步发育成熟。

3. 早春亲鱼的强化培育

亲鱼经过数月的越冬，消耗了大量的鱼体内积累的营养物质，鱼体的光泽略显逊色、体态消瘦，对即将到来的繁殖有一定的影响，为保证顺利产卵，早春温度回升，要及时进行强化培育。一是迁入室内越冬的要在清明节前选择晴天将鱼迁出室内，露天饲养的要逐渐揭开加盖的防护物。白天让鱼池多晒太阳，晚上在气温明显下降的情况下，及时给鱼池遮盖保温。二是这时应注意春季一天内温差大的特点，特别要加强鱼池管理，因为这时金鱼体质较弱，容易生病。这时要做好消毒工作，金鱼移到室外饲养前，鱼池（缸）要用盐开水或高锰酸钾溶液消毒浸洗，注满新水，适当掺加一些绿水，使池（缸）水迅速转呈嫩绿色，然后选择风和日暖的天气，把金鱼移到室外饲养，但一定要注意不让水温猛升或突降。三是在晴天，鱼胃已开，可适当增加饵料，特别要供应鲜活的营养价值高的饵料，可采取少量多餐的办法，让金鱼尽快恢复体质，有利繁殖。四是这期间换水工作要做好，换水时宜少量多次、分批进行，每次换水量占池水的 $(1/6)\sim(1/5)$，隔 $2\sim4$ 天再换一次，操作时要小心轻缓、少搬动、少惊吓，一定要注意带水操作，不可轻易让亲本离水作业。具体操作时，用小盆迎着鱼前进方向轻轻舀起（带水），不能碰伤鱼体，亲鱼回池前用 5% 的食盐水清洗鱼体 10 分钟。特别是雌亲鱼满腹鱼卵，切忌主观地想要种鱼早日产卵而过多地彻底换水、盲目投食，这样反而会延迟产卵，甚至引起泄殖孔不畅，发生难产甚至死亡。五是要预防和驱捕水鸟、老鼠、蛇等天敌，最好在池子上拉好密网，防止天敌入侵；六是要做好防病工作，春天的气温正好适宜水中某些危害金鱼的寄生虫（小瓜虫、车轮虫等）和细菌的繁殖，容易使金鱼患白点病、烂鳃病、水霉病、感冒病、烫尾病、烂鳍病等，因此应做好疾病的预防工作，在操作时要特别小心，要避免擦伤鱼体，以免细菌、寄生虫从伤口侵入。可在水中放入微量食盐（按每50千克水放食盐3~5克）或少量的青霉素、卡那霉素等，以起到防病治病的效果。一旦发病，对症下药，积极治疗，痊愈后的亲本要重新筛选，因为疾病将导致大部分病鱼不能顺利繁育后代。

第二节 亲鱼的产卵与孵化

一、产卵前的准备工作

金鱼产卵前除了要求金鱼具备身体内部的生理变化条件外，还必须在外界环境上为产卵做好各项准备工作，以保证顺利产卵和孵化，提高鱼苗的成活率。我国地域广阔，南北气温相差很大，温暖的南方在春节前后就进入金鱼的繁殖季节；而长江下游各地，大致在清明前后金鱼才开始产卵；在气温较低的北方地区，要推迟到谷雨后才产卵。有的金鱼常年生活在北方，对低温久而久之产生一定的适应性，也有产卵提前的现象。产卵前必须做好一切准备工作。

1. 产卵池（缸）

产卵池是金鱼产卵的场所，繁殖前，最好将雌、雄鱼分开饲养，繁殖时再放回产卵池中。产卵池的面积大小、位置条件对金鱼繁殖具有一定的影响。产卵池的面积，根据自然条件下鱼类是以群体自然受精繁殖的这一特点，若产卵池（缸）面积过大、亲鱼数量不多，必然影响亲鱼间的发情追逐活动，有碍产卵行为，也不利于水质管理和繁殖前鱼池的消毒工作，导致卵的受精率受到一定的影响；若水体过小，亲鱼活动不开，彼此互相干扰，有碍产卵行为，常见的是亲鱼产卵时常常会跳跃到岸上，因此，产卵池的面积要力求适宜。一般水泥池根据亲鱼数量，选择1~4米^2、水深20厘米左右的规格，通常每平方米放养待产的亲鱼5~8尾为宜。各地因条件不同，放养密度也有差距。一般的鱼缸因水深，不利于雌、雄亲鱼间的发情活动，如用缸作产卵用，卵的受精率就较低。对于要成对杂交育种的亲鱼则以小型黄砂缸为宜。家庭养殖可用普通大面盆放亲鱼，也可用洗澡盆，放1～2对亲鱼。

关于池（缸）的位置，应设置在阳光充足的南向避风处，减少水温的变化，同时要求空气流通，使产卵池（缸）的水有充足的溶氧。产卵池（缸）在产卵前均要洗刷干净，可用药物消毒，杀灭病原体，减少疾病，提高孵化率，消毒后用清水洗净后备用。

2. 鱼巢的准备与处理

金鱼产卵时要给予安静舒适的环境，最好不要打扰惊吓，更不能随意捞取，以免流产。另外还要为它们设置好舒适的"婚床"——鱼巢（产卵巢），由于金鱼卵属黏性卵，因此在产卵前，要在产卵池（缸）内加入用水草做成的鱼巢，使金鱼卵受精后可以黏附在水草上，便于以后孵化。受精卵如果没有黏附在物体上，则沉到水底，因被挤压透水条件不好，或被池（缸）底污物埋住而腐败死亡，影响孵化率。

（1）鱼巢（产卵巢）的种类　鱼巢的种类很多，选择的原则是：最好能漂浮在水中，散开后面积要大，便于鱼卵黏附；鱼巢质地要柔软，亲鱼追逐不会伤及鱼体；要求鱼巢不易腐烂，不影响水质，有利于受精卵孵化成鱼苗。由于金鱼所产的卵基本上是黏性卵，因此可用聚草、金鱼藻、水浮莲、轮叶黑藻、马来眼子菜等水生植物来营造卵巢，也可用棕榈皮、柳树根、杨树须及竹枝、破网片等营造卵巢。一般采用沉水植物为好，一方面这些水生植物可以模拟天然环境，使雌、雄亲鱼产生"洞房"的感觉，促使它们尽情交配产卵，受精卵的质量较好；另一方面水生植物可以进行光合作用产生氧气，供受精卵发育所需。

（2）鱼巢的制作　鱼巢的制作方法是将水草根部去除并洗净，用细绳扎紧草把中部，并用砖块或是其他的重物作沉子，使之悬在水中，上部的草茎全部舒展形成伞状卵巢。

（3）鱼巢的处理　各种水生植物，均来自天然水体，常会带来野杂鱼的卵、鱼苗的敌害和病菌等，因此，必须在用前半个月左右捞回来，除去枯枝烂叶，清洗干净，用药物消毒，然后用清水冲洗除去药液后方能使用。处理鱼巢常用的方法有：用5％的食盐水消毒15分钟或用2％的食盐水浸泡20～40分钟或用10毫克/千克的高锰酸钾溶液浸洗20分钟，可杀死附在水草上的病菌和寄生虫，也可使水螅从水草上脱落，对水草无害；

用 1 毫克/千克的高锰酸钾溶液，浸泡 1 小时左右，再用清水冲洗干净；用 20 毫克/千克的呋喃西林药液，浸泡 1 小时左右，杀菌效果很好；用 8 毫克/千克的硫酸铜溶液，浸泡 1 小时左右，可杀死水螅和病菌。

杨柳根和棕皮、棕丝事先需要反复洗、烫、煮，一直到没有黄色汁水了为止。再用 10% 的食盐水煮沸 10 分钟进行消毒、杀菌，时间还是半个小时，过后再用清水洗净。将它们向周边展开成椭圆形或是其他近似的形状都可以，而后在下面系上一个小石头或是其他的重物。

必须特别提醒，千万不要用铜、铅、铝、锌等这类的金属物质系在鱼巢下面坠入水里。否则，可能会对鱼卵的孵化和鱼苗造成很大的危害。鱼巢的安放位置上也是有所讲究的，如果是用鱼缸繁殖，可以在金鱼产卵时把鱼巢放在靠近缸壁的一侧；如果是用池子来繁殖，把鱼巢放在鱼池中央处就可以了。

二、产卵前的管理工作

1. 注意天气变化

天气的变化对金鱼的繁殖尤其是室外繁殖起着重要的作用，通过影响水温、水中溶氧、水中气压及部分离子的平衡而间接影响金鱼产卵。因为恒定的水温能较好地稳定亲鱼的性欲、保持其健康的体能，能使其在人为调控的时间内准确发情交配，使金鱼繁殖更具可控性；另外气温适宜、天高气爽、溶氧丰富的天气有助于金鱼的性腺发育，激发它们的性欲，并通过脑与神经递质调控精卵发育机制；而低压、闷热的天气则会影响亲鱼性腺的正常发育，从而影响亲鱼的性成熟度及正常产卵。因此，要随时注意天气的变化，根据水温及天气，采取有效措施，及时繁殖。

2. 适度催情刺激

催情刺激一般有生理刺激和外界刺激两种，而且这两种刺激都可以人为调控，适度的刺激可以催发亲鱼的性欲，促使亲鱼集中大量产卵。生理刺激也就是异性刺激，在繁殖季节，性成熟的雌、雄亲鱼会主动寻找异性刺激，雌亲鱼通过分泌性激素、体态及游姿的变化，引诱雄鱼追逐，雄鱼则兴奋地追逐雌鱼（又称追尾），促进双方达到兴奋而完成产卵受精。外界刺激即物理刺激，主要是通过外界人为施加的刺激（在适宜的变化范围内），一是突然的天气改变刺激亲鱼，室内繁殖可通过光照强弱的调节来调控刺激；二是营造微流水环境刺激亲鱼性兴奋；三是改变水温刺激；四是人工设置鱼巢进行产前刺激；五是在强化培育中，在饵料投喂时添加部分激素刺激。

3. 加强水质调节

水质对金鱼的性腺发育有重要作用，恒定的水质能稳定亲鱼的性欲，使之按计划发育，一旦改变水环境，大量且多次更换养殖用水，会使亲鱼在新水的刺激下迅速达到亢奋而集中大批量产卵。另外，在人工投饵时，饵料要适度，过少，满足不了亲鱼性腺发育的能量及营养需求；过多，易腐烂而败坏水质，阻滞亲鱼性腺的进一步发育而影响产卵计划的实施。同时，水质恶化时，易引起大量病菌孳生，对鱼体的健康造成极大的隐患。因此，繁殖期的水质调节一定要把握好：水温恒定在 18～20℃，溶氧最好控制在 5 毫克/升以上，氨氮浓度低于 0.05 毫克/升，pH 值可维持在 7.2 左右。

三、金鱼产卵时间与水温的关系

金鱼的产卵时间，只要饲养管理得当，亲鱼可以在每年春季进行产卵。具体时间根据各地的气温不同而略有差异。有时养殖者利用气温、水质、气压、光线和溶氧量等条件控制金鱼的产卵时间。

经试验证明，在金鱼产卵活动缓慢时，使用增氧泵增加水中氧气，即刻，金鱼相互追逐产卵的活动又会变得频繁起来。说明水中的溶氧高低能直接影响金鱼产卵活动的盛衰。

相反，对延迟亲鱼产卵也曾做过试验。首先将雌、雄亲鱼分开饲养在老绿水中，并有意识地适当降低水温、减少投饵、不放人工鱼巢和减少新水的刺激、控制光线。结果，可以使亲鱼延迟到 9 月中旬才产卵、孵化，不过这种鱼苗没有春天的鱼苗发育快。

金鱼的产卵时间，在繁殖季节，一般是早晨 4～5 时到 10 时左右为产卵高潮时间。可是，成熟的亲鱼有时在下午 5～6 时换入新水后也会产卵，有少数鱼在夜间也会有产卵现象。

关于金鱼的繁殖次数，第一期繁殖在春季，这一期的产卵次数，因金鱼的品种、年龄、体质和气候等因素而略有差异。每尾成熟的雌金鱼一般可产卵 2～3 次，多的可达 4～6 次。在正常情况下，每次产卵相隔时间为 10 天左右，如亲鱼体质较弱则相隔时间更长些。条件较好的金鱼养殖场可以进行秋季第二期繁殖，不过秋季繁育的鱼苗，其生长发育情况不如春季繁育的鱼苗。

金鱼产卵的数量，也与金鱼品种、年龄、体质、饲养管理和气候因素有关，通常 1 尾健壮成熟的雌鱼，产卵量少的有数千粒，多的有上万粒。通常以 2～3 龄的亲鱼产卵次数及产卵量为最多，其受精率、孵化率较高，遗传特征也较明显。

同时，也有一些 2～3 龄的雌金鱼在春季产卵后，到秋季仍能产卵，特别是一些在春季产卵不多或未产卵的雌金鱼更容易在秋季产卵。另外，春季亲鱼因患病体质虚弱而未产卵，后来病愈并在合理饲养情况下，则有可能移到秋季发情产卵。

为此，对某些稀有品种，特别是在春季繁育不够理想的情况下，要想促使它们在秋季产卵繁殖，还得采取以下措施：

① 查明金鱼春季不产卵的原因，如是有鱼病，则应根据鱼病情况对症下药，予以治疗；如果是生殖孔闭塞，则可用手指对准生殖孔轻轻摩擦，刺激一下或者轻轻挤一下；如果是过肥，脂肪层过厚，营养不易进入卵巢，这就要减少投喂活的动物性饲料量和适当增加鱼的饲养密度。

② 也可把春季未产卵的亲鱼移养在绿水中，增加活食，每天换入 (1/5)～(1/4) 的新水刺激，对有条件的缸内加设增氧泵。

③ 增加雄金鱼的数量，加强雄金鱼对雌金鱼的追逐及雄性分泌激素的诱惑和刺激。

④ 营养不良的亲鱼，应单独静养肥育，每天给予足够的活饲料，使水维持嫩绿色。

⑤ 水温和光照不仅对金鱼的生殖腺体的发育和成熟均具有促进作用，而且在某种程度上可提高金鱼脑垂体的激素分泌和性腺的兴奋。如果希望在秋季再行繁殖的亲鱼，应尽量不要养在浓绿水中，适当增加光照时间、提高水温，特别在早晨如果见到雌、雄金鱼随尾、追逐现象时，则可用电加热棒升温和用增氧泵充氧，这样将有助于秋季繁殖获得成功。

综上所述，虽然影响金鱼产卵时间的外界因素很多，但水温的高低却是直接影响金鱼产卵的重要条件之一。一般水温能持续保持在14℃时，金鱼就会出现产卵现象，但是水温高达30℃左右，金鱼产卵行为就会停止。水温在18～24℃时，产卵出现高峰，其中水温在20℃左右时，金鱼性欲较为旺盛，追逐嬉戏频繁。

四、产卵期的管理

金鱼在清明前后、水温升到10℃以上、光线等条件适宜的情况下，雄鱼2～3尾连续追逐雌鱼，这表示亲鱼开始发情，要做产卵的准备。

1. 正常产卵

当水温升到12℃时，将培育好的体色艳丽、体质健康、生殖腺发育成熟的亲鱼按雌雄比例为1∶（1～3）的配组放入产卵池中。亲鱼放入后，先是雄鱼尾随雌鱼快游一段，以后追逐频繁、时间延长，表明已临近产卵。几日后，雄鱼用头部紧紧顶着雌鱼腹部追来追去，久久不离开，这是产卵的征兆。这时应将选好的消过毒的鱼巢一束一束（或一株一株）地扎好，做成环形或平直形，以增加卵的黏附面积，放入产卵池中。次日清晨4时至上午10时左右，雄鱼变得更加活跃，非常急迫地追在雌鱼之后。到临产时刻，雌鱼钻入鱼巢中，并来回穿梭而过，雄鱼也紧紧跟在后面，并用头、鳃盖、胸鳍摩擦雌鱼的腹部，雌鱼受到刺激后，游动加快，有时跃出水面。当发情到高潮时，雌鱼连续收缩腹部肌肉，卵随即排出体外，同时雄鱼也跟随排出乳白色的精液，与卵在水中相遇完成受精。尾鳍激起的水波使卵子散落黏附在鱼巢上。待鱼巢表面布满卵后，应及时取出鱼巢放入孵化池中，以免鱼卵重叠或亲鱼吃卵。受精卵粒的直径在0.8～1毫米之间，卵的大小与雌鱼的营养、生长发育有关。

2. 产卵时的注意事项及护理

在产卵时特别要勤检查，发现异常及时处理，如雌鱼是否有滞产现象（俗称产门不开）。这种情况除外界条件外，如果由雄鱼少或体质弱、发育差方面引起的，可酌情增加或调换雄鱼。反之，雄鱼过多、过强，雌鱼被追得疲乏，或雄鱼本身追乏，行动迟缓，甚至浮出水面，这种情况下应将雌、雄亲鱼暂时分开休息片刻。另外，雌、雄鱼如果有擦伤现象，擦伤了要及时治疗。在产卵盛期还要时刻注意，当一束鱼巢粘满卵粒后应及时取出，放到另一孵化池中，再换入新鱼巢，尽量避免鱼卵落到池底或粘在池壁上，造成损失。当天产卵完毕后，要随时取出鱼巢，放入孵化池。

产卵期的护理是重要的。首先要加强对亲鱼的饲养管理，促进亲鱼性腺充分发育，这对于提高产卵量和卵的受精率有很大作用。产卵前喂亲鱼喜食的活饵料，等到产卵开始，由于亲鱼发情，食欲降低，喂食不宜多，最好喂活食。产卵结束后，食欲恢复，可适当增加投饵量，以利恢复鱼体健康。

在每天产卵结束后，下午应换水1次，因经过产卵，容器的边缘总有部分卵粒黏附在上面，同时水中也有腐败的精液和未受精的卵。这些都会消耗水中大量的氧气，引起水中溶氧缺乏，至翌日早晨，金鱼会因缺氧而发生浮头，严重时会发生泛塘（闷缸）的危险。特别是鱼产卵不太多的时候，换水容易被疏忽，也会发生上述危险。这种情况均系由水质不清洁而引起的，一般情况下仔细观察，可发现精液溶在水中，会使水转变为轻微乳白色，并带有浓腥味。所以每天产卵结束后加强检查、注意水质变化、及时换水是十分重要的。

五、受精卵的孵化管理

由于不少金鱼产卵后有食鱼卵的不良习惯，因此一旦卵巢上布满卵粒时，及时用盆将卵巢连水舀起，放到专门的繁育池进行人工控制孵化，再换上新的卵巢。如果确认大多数亲鱼已排卵完毕，可将亲鱼及时捞出放入专池中培育，让卵巢留在原池中孵化。一般2米³的孵化池内可放鱼巢6把左右，不要过密，因孵出的仔鱼至幼鱼，要在该池内生活20～30天。

受精卵为橙黄色半透明状，卵径为0.1～0.2厘米。雌鱼产卵后24小时左右，如发现鱼巢上有乳白色的卵出现，即是未受精卵，会随时死去，应及时用镊子轻轻摘去，以免因腐烂而败坏水质或发生水霉病感染而危及全池。橙黄色受精卵在水温15～16℃的条件下，孵化2～3天，从外表看受精卵透明度渐减，并逐渐出现一个小黑点，这便是最先形成的幼鱼的头部，称为眼点，再过2～3天，此黑点周围渐渐形成一肉色的圆团，便是金鱼的身体。在适温范围内，水温不同，孵化时间的长短不同。水温高，孵化时间就短，反之则长。平均水温15～16℃时，孵化时间为7天左右；水温为18～19℃时，孵化只要4～5天；如果水温升高到20℃，2天即可孵出仔鱼。但以水温16～18℃、经6～7天孵出的仔鱼体质最好。孵化时必须防止水温急剧变化，如白天阳光强烈、气温过高或气候突变。降温时，要适时采取遮盖苇帘或塑料薄膜等措施，防止水温大幅度升降。同时要保持水质清新、环境卫生。

金鱼孵化期的长短与品种和水温都有关系，有金鱼繁殖的专家经过研究认为，在平均16℃的情况下，朝天龙的孵化期为8天，草金鱼的孵化期为7天，珍珠鳞的孵化期为8.5天左右；平均水温13.5℃时，红水泡的孵化期为8.5天，朝天龙的孵化期为9.5天，鹤顶红的孵化期则达11天。

在金鱼繁殖时，若能考虑到环境因素对金鱼繁殖活动的影响，有意识地人工控制环境因素，对金鱼繁殖也是十分有利的。如用新鲜水草做的鱼巢、含氧量较高的新水、雨前变天的气象条件等都能刺激亲鱼产卵发情，但最主要的是水温。所以，在金鱼繁殖期，要尽量充分利用这些规律，如在孵化期间，尽量将水温稳定在18℃左右，以保证能得到体质健壮的仔鱼。

六、产后亲鱼培育

有不少养殖户认为金鱼亲本只需产前培育和产中护理即可，这种观点是错误的。亲鱼产卵后身体极度虚弱，抵御病原菌的能力极弱，容易患病甚至大量死亡。通过产后培育，一方面可以迅速使繁殖后的亲本恢复体力，为下年的繁育提供更好更优良的亲本；另一方面，不再具有繁育作用的亲本，也可以作为商品鱼出售，这种金鱼都是规格大、体型美、游姿佳的优质观赏鱼，可以卖上好价钱，因此产后培育一定要跟上。

亲鱼产卵结束后，应及时将雌、雄亲鱼分别移入与原池水温度相同的老水饲养池（缸、盆、塘）中精心饲养，尤其是珍贵品种的亲鱼。产卵后切勿混养，因为在亲鱼产卵过程中常有追逐以致体表如黏膜、皮肤和鳞片等损伤；且刚产完卵的亲鱼体质也较弱，在移出产卵池或以后清污、换水时，要用脸盆连水带鱼一起取出，以保证鱼体不受伤害，若发现受伤亲鱼，要及时用消炎药物涂抹伤口。喂养时，也要仔细、小心，并要观察其活动和食欲情况，产卵后刚开始应少喂，并投喂些适口性好的饵料，待体质恢复正常后，再按标准投喂和实行正常管理。

在金鱼繁殖季节，特别是亲鱼产卵后，有时会发生亲鱼大量死亡，这是一个令人十分心痛的问题，应该从以下几个方面预防：

（1）水温问题 亲鱼产卵后，体质比较虚弱，不能随意地把亲鱼从产卵池（缸、盆）内捞入饲养池（缸）内，否则，常常因水温差太大，鱼受凉患病，严重时造成亲鱼死亡。为此，产后的雌、雄亲鱼要尽可能地放回水温相等的淡绿色的原池中静养。如果遇到原饲养池（缸）中的水已败坏不能养鱼时，则也只能采用 1/2 等温的新水，掺加邻近池中等温和干净的水 1/2，然后将产完卵的亲鱼放入静养，并增设增氧泵充氧。

（2）投食问题 金鱼进行紧张的交配繁殖以后，体质弱，消化功能也受到影响，胃口变小。在这种情况下，要减少投饵量，产卵当天停食或少食，以后给食只能为平常投饵量的 1/3～1/2。而且要喂最好的活红虫，直到亲鱼活动、食欲正常后，才可恢复正常的给食。

（3）受伤问题 亲鱼产卵过程中，由于雄鱼剧烈地追逐，雌、雄亲鱼的黏膜、皮肤、鳞片也可能擦伤脱落，加上此时又临近黄梅季节，温度偏高，湿度偏大，是病菌繁殖季节，细菌和寄生虫就可从体表伤处乘虚而入，很容易使亲鱼感染疾病致死。为此，通常在产卵的亲鱼池（缸）中投放少许呋喃西林（比例为 2～3 毫克/千克）或食盐（比例为 1/5000）。

（4）水质问题 在繁殖季节，雌、雄金鱼的生殖腺日趋成熟，每当受到新水刺激和觅食时，部分或个别早熟金鱼常常会出现追尾、嬉戏现象。有的雌金鱼还会分泌一些诱惑雄亲鱼的分泌物，而雄金鱼受刺激后也分泌出雄性激素甚至排出精子，这样，虽然不是正式产卵，这些分泌物或者精子溶于水中，使水发白，如不及时换水就会腥臭败坏。

七、人工控制金鱼提前产卵孵化的措施和意义

人工控制金鱼提前产卵孵化是为了能早些获得金鱼苗，当年培育出大规格的优质观赏鱼。提早产卵孵化的实质，是在金鱼越冬期间人工控制环境条件，使其能适宜于金鱼生殖腺发育和产卵繁殖的需要，从而促使其提

前性成熟并产卵孵化。

（1）主要措施　包括投喂精料、提高水温和满足日照时间三个方面。

① 精喂：是顺利促使金鱼提前产卵孵化的关键之一。这项工作实际上应从头一年的秋季开始，这时候水温适宜，金鱼食欲旺盛，是最佳育肥期，也是金鱼下年度性腺成熟周期的开始阶段。卵巢卵细胞的生长发育，需要大量营养物质，故对选作翌年要提早产卵孵化试验的种鱼，要用最优的饵料，在合理的数量限度内喂足喂好，使其膘足体壮地"入房"越冬。

② 增温：室内越冬时的水温为 2～5℃，金鱼在这个阶段，摄食和活动都较少，新陈代谢也很慢，因此要在 12 月便设法提高水温。开始时，由 2～5℃提高到 7～8℃，以后在 1 个月左右的时间内，将水温逐渐升高，于翌年 1 月水温升高到 14～15℃时，金鱼便开始产卵。

③ 日照：日照长短与光线强弱对金鱼生殖腺成熟的早晚是有影响的。冬季日照短，又因盖挡风保温的苇帘，光线条件很差。因此，应把鱼安置在采光最好的位置上，尽量改善光线条件，使它们有生活在春天里的感觉。

经上述措施，进行早繁的亲鱼都能较早地开始活泼游动、增加食欲、加强代谢；再加上精心饲养管理，喂足喂好，它们的体质恢复很好，性腺成熟也较常规管理大为提前。约经 1 个月的时间，均能在生理上做好产卵繁殖的准备，于翌年 1 月繁殖后代。

（2）意义　仔鱼孵出后，先在室内饲养，逐渐长大，室内水体无法容纳时，正好冬尽春来，可移至室外鱼池饲养。故提早产卵孵化具有重要的经济意义。

① 对寒冷地区的重要意义：原应于 4 月产卵的金鱼提前到 2 月，为金鱼的生长赢得了 2～3 个月的时间，可于当年获得大规格的观赏用商品鱼，人为地延长了金鱼的生长期，缩短了养殖周期，增加了经济效益。

② 提高了设备的利用率：冬季一般只保存少数种鱼和不多的观赏用商品金鱼，许多设备闲置着，提早产卵孵化则提高了设备的利用率。

③ 均衡生产：便于安排常年均衡生产，有利于增加积累、增加收入。

④ 保障淡季供应：可以常年供应观赏用商品金鱼，尤其可满足科研试验用鱼的需求，不致因季节关系而中断试验工作。

第三节　金鱼的人工授精

为了适应国内外市场的需要和加速金鱼新品种的培育，近年来，各地金鱼养殖者和金鱼爱好者开始改变了千百年来金鱼只能自然交配繁殖的状况，采取了和淡水鱼一样的人工授精的方法，提高了金鱼的繁殖能力和受精率。一般来讲，人工授精的鱼卵其受精率比自然交尾受精率要高20%～30%。

一、人工授精的好处

一是可以根据人们的意愿进行异品种或两地饲养的同一品种亲鱼杂交，有利于培育新品种和提纯高品质品种的特征。

二是适合缺缸少池、没有适当产卵池（缸）的家庭养殖者和小型养鱼场采用。

三是在雄鱼少或雄鱼不健康的情况下，也能进行繁殖，不受产卵条件差的束缚，弥补了自然受精的不足，提高了精子的利用率和鱼卵的受精率。

四是人工授精操作简便，可以减少雌鱼因难产而死亡的情况并可在繁殖季节有计划地安排、掌握金鱼产卵时间。

五是人工授精法产卵时间短，可提高池（缸）的利用率。

所以，为了提高和保留金鱼的品种质量，有目的地杂交培育新品种，人工授精是个好办法。

二、产卵前物质准备

（1）产卵池　约1～2米^2，内壁光滑、平整，水深20厘米。

（2）孵化池（盆或缸）　提前清洗消毒，大小同产卵池。

（3）产卵巢　可用蒸煮过的棕丝扎成把，或将外塘捞出的金鱼藻或狐尾藻（红毛杂草），用20毫克/千克高锰酸钾浸泡20分钟，杀灭上面的小生物，置清水中备用。

（4）催产药物配制　绒毛膜促性腺激素（HGG）：地欧酮（DOM）：生理盐水＝1支：100毫克：125毫升。

三、人工催产

进入 4 月份，当水温稳定在 16℃ 以上后，金鱼性腺趋于成熟，但不同的鱼成熟程度不同，可以在晴天下午进行人工催产，以便批量生产鱼苗。催产前应检查亲鱼成熟度，一般雌雄分开饲养的亲鱼，雄鱼有追逐雌鱼现象、轻挤雄鱼下腹部有精液流出，便可以进行催产。

催产的方法一般采用胸鳍基部注射法（胸腔注射）。一人左手托鱼，右手拨开胸鳍，另一人将注射针斜扎入胸鳍凹处，注入胸腔（忌太深，以免刺破心脏）。一般根据体重确定注射剂量，雌鱼每千克体重注入 HGG1000～1200 单位，雄鱼减半。注射药物后的亲鱼置于产卵池中待产。

四、人工授精

人工授精可分为离水授精法和水内授精法两种。

1. 离水授精法

每当繁殖季节，看到池中的雄鱼持久不舍地追逐雌鱼，雌鱼已有少数卵粒排出时，可立即把雌、雄金鱼轻轻地捞进面盆中，一种方法是一只手抓住雌鱼离水，用拇指轻轻地挤压雌鱼腹部（由胸鳍至腹部），卵均匀地排出于事先消毒后洗净的浅搪瓷盘中，然后迅速用同样的方法轻轻挤压雄鱼腹部，使精液迅速流入鱼卵盘中，另一只手可取少许等温新水轻轻把精液全部冲入盘中；另一种方法是，一只手握住雄鱼并轻挤其腹部，同时用另一只手拿吸管吸取流出的精液，滴入搪瓷盘中，接着迅速将雌鱼的卵挤入盘内。再用干净的毛笔或羽毛轻轻地把精液和卵子拌匀，充分混合迅速受精。约过 15 分钟后徐徐地将受精卵均匀地倒入浮在池（缸）中的鱼巢上，让其孵化（图 3-1）。

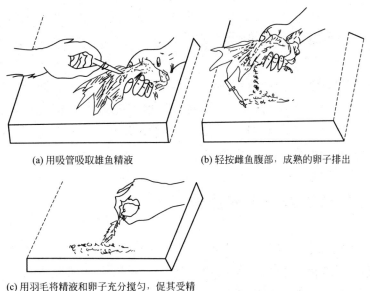

(a) 用吸管吸取雄鱼精液　　　　　(b) 轻按雌鱼腹部，成熟的卵子排出

(c) 用羽毛将精液和卵子充分搅匀，促其受精

图 3-1　金鱼的离水授精法

2. 水内授精法

　　每当我们见到雄鱼剧烈地追逐雌鱼，并见到雌鱼有少量卵粒排出时，可用面盆或小敞口缸盛 1/3～1/2 的水，然后把雌、雄亲鱼带水捞入面盆或敞口缸内，盆底铺上一层人工鱼巢，两手分别抓住雌鱼和雄鱼，使它们生殖孔相对。先用大拇指轻轻挤压雄鱼腹部，见到乳白色的精液泄出的同时，用相同的方法挤出雌鱼腹内的卵粒，两手在水中轻轻地颤动，让卵粒均匀地随水落到盆（缸）底的人工鱼巢上，这时卵子和精子在水中很快完成受精，由透明卵粒转为米黄色的受精卵。然后，把亲鱼捞出放入原饲养池。由于水内授精法不离水，对亲鱼的损伤略小于离水授精法，受精卵粒黏性强，能很快附着于人工鱼巢上，换水容易，操作方便，受精率也不亚于离水授精法。待静置 10 分钟后，把水草捞出放入孵化池（缸）。若在盆中直接孵化，应倒出盆中的水，再从蓄水池中取约 2/3 的水，然后把盆放到温度恒定处孵化，注意操作时要轻缓小心（图 3-2）。

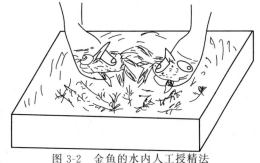

图 3-2　金鱼的水内人工授精法

五、人工授精的管理工作

整个人工授精过程中所用的水，其温度应该相同，最好是用同一蓄水池中的水，否则，操作过程中所用的水前后温差过大，精、卵都会因受不良刺激而降低活力，严重时会导致人工授精失败，产后亲鱼也不易成活。亲鱼死亡属重大损失，要竭力避免。

六、人工授精工作的主要经验

① 不可将受精卵放入老水中孵化，也不可将老水中产的卵直接移入新水孵化池中孵化。受精卵移入孵化池之前要用清水漂洗几次，以免把老水中含有的藻类等带入孵化池或在受精卵上继续大量繁殖，影响水质和卵的呼吸，造成千百万鱼卵死亡。

② 选用新鲜洗干净的狐藻、金鱼藻或没有毒性而又柔软的化学纤维做鱼巢，若有棕丝、柳树根，一定要煮洗脱色后再使用。因为这几种原料处理不当会析出有毒物质毒死鱼卵。

③ 受精卵孵化 2～3 天后进入敏感期，要尽量避免振动鱼卵，以提高孵化率、减少畸形仔鱼的出现。

④ 孵化期要采取保温、防风等措施，以保证孵化池水温的稳定，使池内的水温不受气象等影响而突然大幅度升降。

第四章

池塘养殖金鱼

第一节　池塘养殖金鱼的基础

一、池塘养殖金鱼的意义

池塘养殖金鱼有饲养管理简便、鱼体生长快、鱼体色泽鲜艳、生产规模大、经济效益高等特点。一般大型生产单位乐于采用以多取胜的养殖方法，但只适合于养殖一般品种的金鱼，如草金鱼、龙睛、望天、帽子等。如果金鱼从小就在池塘生长发育，水体较大，金鱼游动较快而有野性，其体形有向长发展的趋势，这些都会降低金鱼的质量。可将池塘培养的金鱼，在出售之前移入水泥池或鱼盆中进行短时期的蓄养，以提高观赏价值，但各个品种均不宜留作亲鱼。

二、池塘养殖金鱼的方式

几乎所有能养殖四大家鱼（青鱼、草鱼、鲢鱼、鳙鱼）的池塘都可以用来养殖金鱼，金鱼的池塘养殖技术有池塘精养技术、池塘套养技术、池塘混养轮养技术、池塘立体生态养殖技术等，各地应根据具体的情况因地制宜地发展金鱼的养殖。可根据生产目的，放养不同规格的金鱼苗种和稀放金鱼苗，收获不同规格要求的商品金鱼。

三、池塘养殖金鱼的周期

金鱼的生长与饵料、饲养密度、水温、性别和发育时期有非常大的关系，尤其是与饵料的是否适口与丰歉关系极大。在人工饲养金鱼的条件下，刚孵出的金鱼苗约经30天培育便可达3厘米，1龄时可长成20～50克/尾的大规格金鱼。因此每尾体长在3厘米以上的金鱼，在池塘环境下，一般养殖期为一年左右。

四、影响池塘养殖金鱼效益的因素

影响池塘养殖金鱼产量和效益的因素主要有以下几种，养殖户在养殖时一定要注意，力求避免这些不利影响。

一是金鱼苗种的质量差。质量差的金鱼苗种，一般都不外乎以下几种情况：亲鱼培育得不好或近亲繁殖的金鱼苗；金鱼苗繁殖场的孵化条件差、孵化用具不洁净，产出的金鱼苗带有较多病原体（如病菌、寄生虫等）或受到重金属污染；高温季节繁殖的苗，体质本身就很差；金鱼的苗太嫩，经过几次包装、发运、放池的折腾后死亡率非常高。因此我们在进行金鱼繁殖时要注意金鱼苗种的质量，尽可能避开这些风险。

二是金鱼养殖池的条件不好，具体表现为单个养殖池的面积太大，或水体过深，或因年久失修淤泥深厚等等，导致池塘漏水、缺肥，金鱼的生长不好、发育不良。

三是金鱼养殖池中残留的毒性大，对金鱼的身体造成损伤，甚至导致金鱼大面积死亡。池塘中毒性存在的原因是清塘时的药力尚未完全消失就放入苗种；施用了过量的没有腐熟或腐熟不彻底的有机肥作基肥，长期在这两种水体中生活的金鱼也会中毒。

四是金鱼池中敌害生物太多，而造成幼小的金鱼被大量捕食，导致金鱼的成活率极低，当然产量也就极低。养鱼池中敌害生物太多也是有原因的，例如金鱼池没有清塘，或清塘不彻底，或用的是已经失效的药物，或在注水时混进了野杂鱼的卵、苗以及蛙卵等敌害生物。

五是对池塘养殖的金鱼品种没有进行筛选。由于不同品种的金鱼对外界环境的适应性不同，所以并不是所有的金鱼都适合在池塘里进行养殖，例如水泡金鱼就不适合在池塘里养殖。因此我们在养殖前一定要对金鱼的品种进行适当的筛选。

五、池塘的位置

选择适宜的地点建池，是饲养金鱼的首要工作。金鱼养殖的池塘应建在房前屋后、避风向阳、阳光充足、温暖通风、引水方便、水质清新、弱酸性底质、周边地区无工业或城市污染源、不受农药或有毒废水的侵害污染、交通便利、电力有保障的空地，最好能自流自排。

六、池塘面积

金鱼池分苗种池和成鱼池两种，长方形苗种池面积不宜太大，以 66.7～333.5 米² 为宜，水深以 0.4～0.6 米为宜；成鱼池面积 1000～2000 米²，大的可达 6000～7000 米²，水深达 80～120 厘米。但为了顾及金鱼的防暑或越冬，要求深水区的最高水位能达 150 厘米以上，池塘也应要求进、排水系统齐全，形状以东西长于南北的长方形为好，堤坡以 1：(1～1.5) 为宜。

七、水源与水质

金鱼适应性强，只要是没有污染的江、河、湖、库、井水及自来水均可用来养金鱼。我国绝大部分地区的水域都能饲养金鱼，只有在冷泉冒出及旱涝灾害特别严重的地方，不宜养金鱼。饲养金鱼的用水一般有 3 种：一种是地表水，如江河、湖泊等天然水；另一种是地下水，如井水、泉水；再一种就是自来水。

（1）天然水　水中溶氧丰富，有大量的浮游生物作为金鱼的饵料，养出的金鱼色彩比较鲜艳。但也存在杂质较多、水质极易变质的不足。

（2）地下水　水的硬度较大，浮游生物不多，溶氧较低，要经过日晒升温以及暴气后方可用于养殖金鱼。

（3）自来水　水质比较清洁，含杂质少，细菌和寄生虫也少，是饲养金鱼比较理想的水。但由于自来水使用氯气或漂白粉、明矾等化学药剂消毒，对金鱼有毒害作用，所以使用自来水饲养金鱼时，必须将自来水置于空盆或池中，放晒沉淀 2～3 天然后再用。如果马上要用自来水，可用硫代硫酸钠（又称次硫酸钠）进行去氯，其方法为在 1 米³ 水体中加入小米粒大小的硫代硫酸钠 100 粒，如果是 30 厘米×40 厘米×60 厘米的玻璃缸，有 1 粒就可以了。

根据金鱼的生态习性，养殖用水溶解氧可在 3.0 毫克/升以上、pH 值在 6.0～8.0 之间、透明度在 15 厘米左右。

第二节　池塘的清整与消毒

金鱼苗放入池塘之前，池塘需要经过精细的处理。

一、陈旧池塘的暴晒

许多养殖户没有开挖新的养鱼池来养殖金鱼，他们会利用一些已经养了好多年鱼的池塘来养殖。对于多年使用的池塘，阳光的暴晒是非常重要的，一般在金鱼苗入池前 30 天就要暴晒，将池塘的底部晒成龟背状，这样对于消灭池塘的微生物有很大的好处。

二、挖出池塘底层淤泥

对于那些多年进行金鱼养殖的池塘来说，金鱼苗种入池之前，必须要清除底层的淤泥。因为池塘的底层淤泥都会淤积很多动物粪便和剩余的饲料，是病菌等微生物生存的栖息地，不做好清淤工作会影响金鱼的健康成长。一般情况下，用铁锹挖起底部过多的淤泥，集中在一起，然后用小车推到远离池塘的地方处理。同时也要对池塘进行检查，堵塞漏洞，疏通进排水管道。

三、池塘的清塘消毒

所谓消毒，就是在池塘内施用药物杀灭影响鱼苗生存、生长的各种生物，以保障鱼苗不受敌害、病害的侵袭。药物消毒一般在鱼苗下塘前 7～10 天的晴天中午进行。

1. 生石灰消毒

（1）生石灰消毒的原理　生石灰的来源非常广泛，而且价格低廉。生石灰消毒是目前能用于池塘消毒最有效的方法，它的作用原理是：生石灰遇水后发生化学反应，放出大量热能，产生具有强碱性的氢氧化钙，同时能在短时间内使水的pH值迅速提高到11以上。因此，这种方法能迅速杀死水生昆虫及虫卵、野杂鱼、青苔、病原体等。更重要的是生石灰与底泥中有机酸发生中和反应，使池水呈碱性，既改良了水质和池底的土质，同时也能补充大量的钙质，有利于淡水鱼的生长发育。

（2）生石灰消毒的优点　　生石灰是常用的消毒剂，具有以下的优点：

一是能迅速杀死隐藏在底泥中危害金鱼的水生昆虫、水生植物、鱼类寄生虫、病原菌及其孢子和敌害如老鼠、水蛇、水生昆虫和虫卵、螺类、青苔等敌害生物，减少疾病的发生。

二是能改良池塘的水质。清塘后水的碱性增强，能使水中悬浮状的有机质沉淀，过于浑浊的池水得以适当澄清，可以使池水保持一定的新鲜度，这非常有利于浮游生物的繁殖和淡水鱼的生长。

三是能改变池塘的土质，生石灰遇水后产生氢氧化钙，吸收二氧化碳生成碳酸钙沉入池底。碳酸钙能疏松淤泥，改善底泥的通气条件，加速细菌分解有机质的反应。

四是生石灰可以将池底中的氮、磷、钾等营养物质释放出来，增加水的肥度，可让池水变肥，间接起到了施肥的作用，促进天然饵料的繁育。

（3）干法消毒　　生石灰消毒可分干法消毒和带水消毒两种方法。通常使用干法消毒，在水源不方便或无法排干水的池塘才用带水消毒法。

干法消毒的过程为，在鱼种放养前20～30天，先将池水基本排干，保留水深5～10厘米，在池底四周选几个点，挖个小坑，将生石灰倒入小坑内，用量为每平方米100克左右，注水溶化。待石灰化成石灰浆水后，不待冷却即用水瓢将石灰浆趁热向四周均匀泼洒，边缘和鱼池中心都要洒遍。为了提高效果，第二天可用铁耙将池底淤泥耙动一下，使石灰浆和淤泥充分混合。然后再经5～7天晒塘后，经试水确认无毒，灌入新水，即可投放种苗。试水的方法是在消毒后的池子里放一只小网箱，放入50只小鱼苗，如果在24小时内，网箱里的鱼苗没有死亡也没有任何其他的不适反应，说明消毒药剂的毒性已经全部消失，这时就可以大量放养相应的鱼苗了；如果24小时内仍然有试水的鱼苗死亡，则说明毒性还没有完全消失，这时可以再次换水后1～2天再试水，直到完全安全后才能放养鱼苗。

要注意的是干法消毒并不是要把水完全排干，而且至少留深度为5厘米以上的水，否则钻入泥中的一些敌害鱼类杀不死。如果石灰质量差或淤泥多时要适当增加石灰用量。

（4）带水消毒　排水不方便或时间来不及时可带水消毒。这种方法速度快，节省劳力，效果也好。缺点是石灰用量较多。

每 667 米^2 水面水深 0.6 米时，一般是将 80 千克生石灰放入大木盆等容器中化开成石灰浆，操作人员穿防水裤下水，将石灰浆全池均匀泼洒。用带水法消毒虽然工作量大一点，但它的效果很好，可以把石灰水直接灌进池埂边的鼠洞、蛇洞里，能彻底地杀死病害。

有的地方采用半带水消毒法，即水深 0.3 米，每 667 米^2 用生石灰 45 千克，石灰用量少，操作方便，效果也好。

鱼池使用生石灰应注意几个问题：①选择没有风化的新鲜石灰，已经潮解的石灰会减弱其功效。②要掌握生石灰的用量，其毒性消失期与用量有关。③生石灰消毒和池塘施肥不能同时进行，因为肥料中所含的离子氨会因 pH 值升高转化为非离子氨，对鱼类产生毒害作用。此处肥料中磷酸盐会和钙发生化学反应，变成难溶性的磷酸钙，从而降低肥效。④生石灰不可与含氯消毒剂和杀虫剂同时使用，以免产生拮抗作用，降低功效。⑤生石灰的使用要视鱼池 pH 值具体情况而定。

2. 漂白粉消毒

（1）漂白粉消毒的原理　漂白粉遇水后能发生化学反应，产生次氯酸钠和碱性氯化钙，次氯酸具有强烈的杀菌和杀死敌害生物的作用。漂白粉的消毒效果常受水中有机物影响，如鱼池水质肥、有机物质多，消毒效果就差一些。

（2）漂白粉消毒的优点　漂白粉消毒时的效果与生石灰基本相同，但是它的药性消失快。漂白粉用量少，因此在生石灰缺乏或交通不便的地区采用这个方法，对急于使用的池塘更为适宜。

（3）带水消毒　在用漂白粉带水消毒时，要求水深 0.5～1 米，漂白粉的用量为每 667 米^2 池面 10～20 千克。先在木桶或瓷盆内加水将漂白粉完全溶化后，全池均匀泼洒；也可将漂白粉顺风撒入水中，然后划动池水，使药物分布均匀。一般用漂白粉清池消毒后 3～5 天即可注入新水和施肥，再过两三天后，就可投放鱼种进行饲养。

（4）干法消毒　在漂白粉干法消毒时，用量为每 667 米^2 池面 5～10 千克，使用时先用木桶加水将漂白粉完全溶化后，全池均匀泼洒即可。

（5）注意事项　首先是漂白粉一般含有效氯 30％ 左右，但它具有易分解的特性，因此在使用前先对漂白粉的有效含量进行测定，在有效范围内（含有效氯 30％）方可使用，如果部分漂白粉失效了，这时可通过换算来计算出合适的用量。

其次是漂白粉极易分解，释放出的初生态氧容易与金属起作用。因此，漂白粉应密封在陶瓷容器或塑料袋内，存放在阴凉干燥的地方，防止失效。加水溶解稀释时，不能用铝、铁等金属容器，以免被氧化。

最后是操作人员施药时应戴上口罩，并站在上风处泼洒，以防中毒。同时，要防止衣服被漂白粉沾染而受腐蚀。

3. 生石灰、漂白粉交替消毒

有时为了提高效果、降低成本，就采用生石灰、漂白粉交替消毒的方法，比单独使用漂白粉或生石灰清塘效果好。也分为带水消毒和干法消毒两种，带水消毒，水深 1 米时，每 667 米² 用生石灰 60～75 千克加漂白粉 5～7 千克；干法消毒，水深在 10 厘米左右，每 667 米² 用生石灰 30～35 千克加漂白粉 2～3 千克，化水后趁热全池泼洒。使用方法与前面两种相同，7 天后即可放鱼种，效果比单用一种药物更好。

4. 漂白精消毒

干法消毒时，可排干池水，每 667 米² 用有效氯占 60％～70％的漂白精 2～2.5 千克。带水消毒时，每 667 米² 每米水深用有效氯占 60％～70％的漂白精 6～7 千克。使用时，先将漂白精放入木盆或搪瓷盆内，加水稀释后进行全池均匀泼洒。

5. 茶粕消毒

茶粕是广东、广西常用的消毒药物。它是山茶科植物油茶、茶梅或广宁茶的果实榨油后所剩余的渣滓，形状与菜饼相似，又叫茶籽饼。茶粕含皂苷，是种溶血性毒素，能溶化动物的红细胞而使其死亡。水深 1 米时，每 667 米² 用茶粕 25 千克。将茶粕捣碎成小块，放入容器中加热水浸泡一昼夜，然后加水稀释，连渣带汁全池均匀泼洒。在消毒 10 天后，毒性基本上消失，可以投放鱼苗、鱼种进行养殖。

需要注意的是，在选择茶粕时，尽可能地选择黑中带红、有刺激性、很脆的优质茶粕，这种茶粕的药性大，消毒效果好。

6. 生石灰和茶粕混合消毒

此法适合池塘进水后用。把生石灰和茶粕放进水中溶解后，全池泼洒，每 667 米² 用量为生石灰 50 千克、茶粕 10~15 千克。

7. 鱼藤酮清塘

鱼藤酮又名鱼藤精，是从豆科植物鱼藤及毛鱼藤的根皮中提取的，能溶解于有机溶剂，对害虫有触杀和胃毒作用，对鱼类有剧毒。含量为 7.5% 的鱼藤酮的原液，水深 1 米时，每 667 米² 使用 700 毫升，加水稀释后装入喷雾器中遍池喷洒。能杀灭几乎所有的敌害鱼类和部分水生昆虫，对浮游生物、致病细菌和寄生虫没有什么作用。效果比前几种药物差一些，毒性 7 天左右消失，这时就可以投放鱼苗、鱼种了。

8. 巴豆清塘

巴豆是江浙一带常用的消毒药物，近年来已很少使用，而被生石灰等取代。巴豆是大戟科植物的果实，所含的巴豆素是一种凝血性毒素，只能杀死大部分敌害杂鱼，能使鱼类的血液凝固而死亡。对致病菌、寄生虫、水生昆虫等没有杀灭作用，也没有改善土壤的作用。

在水深 10 厘米时，每 667 米² 用 5~7 千克。将巴豆捣碎、磨细装入罐中，也可以浸水磨成糊状装进酒坛，加烧酒 100 克或用 3% 的食盐水密封浸泡 2~3 天，用池水将巴豆稀释后连渣带汁全池均匀泼洒。10~15 天后，再注水 1 米深，待药性彻底消失后放养鱼种。

要注意的是，由于巴豆对人体的毒性很大，施巴豆的池塘附近的蔬菜等，需要过 5~6 天以后才能食用。

9. 氨水清塘

氨水是一种挥发性的液体，一般含氮 12.5%~20%，是一种碱性物质，当它泼洒到池塘里，能迅速杀死水中的鱼类和大多数的水生昆虫。使用方法是在水深 10 厘米时，每 667 米² 用量 60 千克。在使用时要同时加三倍左右的塘泥，目的是减少氨水的挥发，防止药性消失过快。一般是在使用一周后药性基本消失，这时就可以放养鱼苗、鱼种了。

10. 二氧化氯清塘

二氧化氯消毒是近年来才渐渐被养殖户所接受的一种消毒方式。它的消毒方法是先引入水源后再用二氧化氯消毒，每 667 米^2 每米水深用量为 10~20 千克，7~10 天后放苗。该方法能有效杀死浮游生物、野杂鱼虾类等，防止蓝绿藻大量滋生。放苗之前一定要试水，确定安全后才可放苗。值得注意的是，由于二氧化氯具有较强的氧化性，加上它易爆炸，容易发生危险事故，因此在储存和消毒时一定要做好安全工作。

上述的清塘药物各有其特点，可根据具体情况灵活掌握使用。使用上述药物后，池水中的药性一般需经 7~10 天才能消失。放养鱼苗、鱼种前最好试水，确认池水中的药物毒性完全消失后再行放种。

四、池塘培肥

金鱼的食性较杂，水体中的小动物、植物、浮游微生物、底栖动物及有机碎屑都是它的食物。但是作为幼小的金鱼，最好的食物还是水体中的浮游生物，因此，在金鱼养殖阶段，采取培肥水质、培养天然饵料生物的技术是养殖金鱼的重要保证。

可在药物清塘 5 天后加注过滤的新水至水深 25 厘米，每 667 米^2 施有机肥 150~250 千克，用于培肥水质。用于培肥水质的肥料都是用有机肥来做基肥，每 10 天施发酵腐熟了的鸡粪 400 千克或猪、牛、人粪 600~800 千克，均匀撒在池内或集中堆放在鱼溜内，让其继续发酵腐化，以后视水质肥瘦适当施肥。待水色变黄绿色、透明度 15~20 厘米即肉眼观察时看不见池底泥土后，即可投放鱼苗。过早施肥会生出许多大型的浮游动物，泥鳅苗种嘴小吞不下；过迟施肥时，浮游动物还没有生长，泥鳅苗种下塘以后就找不到足够的饵料。如果施肥得当，水肥适中，适口饵料就很丰富，金鱼苗种下池以后，成活率就高，生长就快。

除施基肥外，还应根据水色，及时追肥。在施肥培肥水质时还有一点应引起养殖户的注意，我们提倡用有机肥培肥水质，但在池塘连片生产，不可能有那么多的有机肥时，施用化肥来培肥水质同样有效，只是化肥的肥效很快，培养的浮游生物消失得也很快，因此需要不断地进行施肥。生产实践表明，如果是施化肥，可施过磷酸钙、尿素、碳铵等化肥，例如每立方米水可施氮素肥 7 克、磷肥 1 克。

第三节　鱼苗的饲养管理

一、鱼苗的孵化

初孵出的鱼苗外观呈细针状，在显微镜下观察全身透明，体表及眼球带有色素。刚孵出的鱼苗用嘴吸附在池边或产卵巢上，没有平行游动能力，只能短暂地垂直游动，其营养全靠卵黄囊提供。卵黄囊逐渐被鱼苗吸收而缩小，2～3 天后消失。这时，鱼苗的口和鳍先后发育完全，体内各器官逐渐分化趋于完善，鳔逐渐充气，体色转深灰，身体也强壮了，可以平行游动了。选择晴天，将产卵巢取出。取出产卵巢的时机要掌握好，过早取出，鱼苗不够健壮，有死亡危险；过迟取出，产卵巢上腐败的卵会影响水质。因此，通常在鱼苗出膜后，如水温很高，2～3 天后取出产卵巢；水温低时，3～4 天后取出产卵巢；如果是梅雨季节产的卵，产卵巢取出时间可适当延长。操作时，将缸中水草逐株摆动，然后提出水面，放入盛有清水的盆内摆动，使鱼巢中的鱼苗全部进入盆中，再用汤匙把盆中的鱼苗带水放回原水体中。

二、鱼苗的喂养

首先，鱼苗腹部的卵黄囊营养没有吸收完以前，不用投喂任何饵料。同时，在鱼苗体内鳔未充气前，鱼苗不能平行游动，这时要防止池内水域过分振动，以免造成鱼苗从产卵巢或池壁上脱落沉到池底而死亡，具体地说，在鱼苗期要防止暴风雨冲击孵化池。待 2～3 天后卵黄囊消失，开始喂食，可喂一些煮熟的蛋黄，每天上午 9 时和 10 时各喂 1 次。开始鱼苗食量很小，投喂方法是将煮熟的蛋黄用纱布包好，将蛋黄轻轻揉挤弄碎，再将纱布包着蛋黄在水面轻轻摆动，边摆边移动位置，使蛋黄细小颗粒通过纱布孔呈云雾状均匀地悬浮在鱼苗池水中，一个蛋黄大约可喂 4～5 缸鱼苗。也有采取喂蛋黄水的，其方法是将50克熟蛋黄调5千克自来水，用纱布过滤后的蛋黄水可喂万尾鱼苗，但是蛋黄水投喂过多会影响水质。鱼苗喂蛋黄后生长很快，约7～8天后，就可吞食小水蚤了，此时即可停止喂蛋黄，改喂活的水蚤或轮虫。

三、鱼苗的换水

鱼苗孵出来后，若水仍没有调换，而每天吃剩下的蛋黄和死水蚤积存于水中，日久会腐败，水渐渐污浊，再加上孳生青苔，青苔长满容器四壁或悬浮于水中，鱼苗游动时常被缠绕。因此鱼苗饲养过程中也要及时换水，保持水质清洁，同时也要防止鱼苗饲养密度过大影响生长发育。鱼苗的换水通常采取脱水的方法，即换水时连鱼苗带比较清的老水一起倒入新水中，脱水的动作一定要轻、慢。

第一次脱水一般在鱼苗孵出10～15天后进行，其方法是：脱水前先准备好清水，要注意新水与老水水温及其他条件要相近，水温差异要保持在1～2℃之内，否则鱼苗会因温差太大而休克，浮在水面，即使是当时不死，以后也会陆续死亡。清水准备好后，盛在备好的容器内，用盆把鱼苗带水舀起，使盆口入水倾斜，让鱼苗自由游动，动作力求轻而缓慢，直到鱼苗全部被换到新水中为止。然后将孵化池下层的污水和沉积物清除掉，进行药物消毒。以后每10～15天脱水1次（视鱼苗生长速度灵活掌握）。在每次脱水的同时，要根据鱼苗的密度分散部分鱼苗，以保持适当的密度，同时还要注意鱼苗的成色和大小，个体相差过大的也要分池饲养，防止饵料不足的情况下，小鱼被大鱼吞食掉。通过3～4次脱水后，鱼苗已长到2厘米左右，就可考虑换水，但还是要强调动作要轻巧，以免损伤鱼体。换水的水温与原水温相差不宜超出4℃，通常采用注水的方法较为安全，可避免换水温差过大造成鱼苗死亡。如果遇到连日阴雨，则不宜换水，且要注意室外鱼池溢水，尤其是雷阵雨时，须预先降低水位，以免鱼苗随溢水而跑掉。

四、鱼苗的选别

鱼苗孵化后，因生长发育快慢不同，容易发生自相吞食的危险。同时金鱼的变异性大，即使是纯种交配，繁殖的后代也是多种多样的，既有和亲本相同的，又有完全不同于亲本的中间型和残缺不全的次鱼。因此，当年鱼培育的成败，关键在于鱼苗饲养过程中，选剔工作是否及时。随着鱼体的增长，各部分的发育初具雏形，应及时进行选择，其原则是留优去劣，可减少饵料和设备的浪费。筛选鱼苗是一项复杂而细致的工作，必须认真对待。金鱼体细胞中有 47 对染色体，即使是纯种，由于遗传性状的变异和基因分离、重组等，后代性状的变异也很大，更何况金鱼大多数是非纯种交配，其子代变异率可达 $60\%\sim70\%$。20 日龄金鱼苗的品系特征已依稀可辨，从体长 1～6 厘米的鱼苗要经 5 次反复筛选，以达到存优汰劣。

一般在第二次脱水时就可进行选择，此时鱼苗长度约 1.5 厘米，挑选工作与脱水同时进行。第一次挑选先淘汰尾鳍不理想的个体，其方法是用白瓷汤匙将单尾淘汰（单尾品种除外）。第二次是当鱼苗长到 2 厘米左右时，尾鳍已形成，凡不具备三尾、四尾的一律淘汰。第三次挑选的是背鳍发育不全和尾鳍有异常的鱼苗。第四次是在体长 4～6 厘米时，金鱼品系的特征已基本定型，可依良种的标准，以外部形态为主进行筛选。第五次是在体长 7～8 厘米时，体色接近或已似成体，其中五花、蓝、紫、墨色鱼和鹤顶红的变色已结束，此时注重色泽的选择，把转色早和颜色鲜艳的鱼留下。例如，龙睛首先应挑选左右眼球大小一致的；水泡眼的泡宜大而左右对称；珍珠鱼鳞要凸出明显；凡具有肉瘤的品种要选取头宽的等。一般在市场上出售的观赏金鱼是经过 4～5 次挑选过的，要留作越冬种鱼，还要进一步严格挑选。

1 个月的鱼苗，鳞片长出，体色逐渐变化。一个半月以后，开始出现转色现象。其褪色顺序是从腹部开始，然后头部，最后背部和尾部。鱼苗转色是金鱼生长发育过程中的一种独特生理现象。刚孵出的金鱼苗体透明，饲养 20～30 天，就有身上带白色、青色和透明色素点的体色出现。金鱼体色的形成是真皮中黑、黄、蓝色反光层组织，在鱼苗各个发育阶段中的不同组合或转变及消长造成的。其转色的程度与速度，因品种、发育阶段、环境条件和饲养管理等的差异而不同；开始转色的年龄，也因品种而异。一般情况下，3～4 个月龄即可完成转色，但是，个别鱼体也可延续至 1～3 年，这种个体就不能作为亲鱼来培育。亲鱼的色泽，在一定程度上决定了子代的体色，但鱼苗的转色活动受水质、温度、光照及饵料等因素影响。一般来说，饲养水温越高，转色越快，反之则慢；饲养于清水中的鱼苗变色迅速，但变色后的鱼体色素淡而不艳，若新、绿水交替饲养，鱼体变色虽慢，但较为鲜艳；含矿物质较多的井水、泉水和河水也有益于金鱼体色的鲜艳和稳定。

光照直接影响鱼苗的变色。养在露天鱼池中的鱼苗变色比较理想；养在水族箱中的鱼苗，虽四面受光，但光照较弱，影响鱼苗变色。经常换水能加速鱼苗变色，但色泽暗而不艳。多给鱼苗投喂活饵和含天然色素的小球藻等饵料对金鱼变色较有利。

金鱼的变色一般先从腹部开始，再延伸到头部、脊背和各鳍的梢端。夏季水温高时金鱼变色，天气转凉时变色即停止，所以，必须加强饲养管理才能搞好金鱼的变色。

第四节　幼鱼的饲养管理

金鱼孵出后，经3～4次脱水，逐渐成长，进入幼鱼阶段。金鱼的幼鱼阶段是发育生长期，时间比较长，生长也较快。若能掌握金鱼幼鱼期的生长规律，加强管理，才能养出健壮、鲜艳、活泼的金鱼。

一、金鱼幼鱼的特点

幼鱼期金鱼的特点是：随着时间的推移，幼鱼体内各个组织器官的功能逐渐完善、发达，体重日益增加；幼鱼期金鱼代谢的特点是以营养合成为主，处于正平衡状态；此时的金鱼的外形特征及体色逐渐体现和形成。因此，必须为金鱼幼鱼提供良好的生活条件。

二、适时换水

金鱼靠呼吸水中的溶解氧而生存，经过一段时间的饲养后，水中的藻类大量繁殖，再加上金鱼的排泄物，使水色转绿、水质浑浊、水中的氨含量增加，到夜间水中溶氧量大大降低，幼鱼会感到不适，就需要换水。但什么时候换水，要根据具体情况综合而定。鱼浮头了，要换水；通常水色以青绿色为好，褐色不宜，深绿色表示浮游生物繁殖过于旺盛，也需要换水。这是因为水中有许多种浮游生物，除一些可以作鱼的饵料以外，也有的种类鱼不但不能利用，而且对鱼还有害。而各种浮游生物都有自身的固定颜色，也就随着优势种群的不同而间接影响鱼池的水质和水色。一般青绿色水中必有绿藻（鱼能利用的种类较多），褐色水中有硅藻大量繁殖（大多数金鱼不能消化吸收），黄褐色水则系甲壳类繁殖旺盛所致。当这些浮游生物存在时，它们就需要大量的氧气生活，容易造成水中溶氧的不足。另外，由于外界环境条件影响，有些浮游动物还会发生突然死亡，就很自然地影响到水色的变化。

三、恰当的饲养密度

幼鱼期的金鱼，鱼体生长很快，经过一段时间饲养，在一定体积水体中就显得拥挤，要根据生长速度，适时分池饲养。放养密度除要考虑到鱼体大小、水温高低、水体环境等因素外，还要考虑到生产计划的安排，如需要考虑什么时期培育出什么规格的商品鱼，是珍贵品种还是一般品种等要求。一般来说，为了得到优美体形和文静风度的珍贵金鱼，在养殖工人技术熟练、饲养经验丰富的条件下，放养密度还是略微偏低一些为好（表4-1）。而如放养龙睛、高头、望天等一般品种其放养量比珍贵品种密度还可以增加 $80\% \sim 90\%$（表4-2）。

表4-1　水深 30 厘米每平方米水面放养珍贵品种金鱼的适宜密度

鱼体长/厘米	2	3	4	5	6	7	8	9	10
放养量/尾	80	60	35	25	15	10	8	5	3

表4-2　水深 20～30 厘米每平方米水面放养一般品种金鱼的适宜密度

鱼体长/厘米	2	5	8	10	12
放养量/尾	100	45	25	5	10

四、合理喂食

金鱼的食性较广，许多动物性和植物性饵料金鱼都喜欢食用。若不深入了解金鱼的食性，乱投过量的饵料，会造成幼鱼因贪食而肠道胞胀，消化不良，容易产生滞食情况，特别是当投喂一些不易消化的食料时更加严重。另外，投饵过多，饵料残留在水中，容易发酵变质，腐败水质，造成幼鱼泛池死亡。在投喂时，要参照金鱼食量与水温、水质等因素的关系，以及其他原因的综合影响适量投喂。

（1）定时投喂　金鱼喂食每天1次或2次，每天固定时间喂食，不要更改时间，一般夏季宜早些，上午5～7时左右，秋季上午7～9时左右，冬季在中午前后。

（2）定量投喂　由于金鱼没有一般动物具备的胃，而是由肠子直接吸收营养，所以，仔细观察，可以发现金鱼经常是一边吃进，而又一边拉出。因此对于投喂量，要基本定量、酌情增减。健康的幼鱼，每次以15～30分钟吃完为宜，深秋季节的投饵量可适当增加一些，每次吃食的时间可延迟到下午2时左右。如果幼鱼池新换了水，投饵量要比老水时少一些。另外阴天时少投喂或不喂。

（3）定质投喂　所喂饵料保证新鲜、营养平衡，腐败变质的不能喂，要给幼鱼投喂喜欢吃的动物性活食。在投喂前，将活饵料充分清洗和用高锰酸钾消毒，预防病原体进入鱼池。幼鱼吃剩的残饵在晚上要取出来。

（4）定位投喂　每次投喂时应选在固定的位置，具体选择按照环境而定。

（5）根据鱼情投喂　金鱼在幼鱼期投喂时要勤查鱼情，注意环境条件的改变。要注意鱼的食欲大小和健康状况，以作投饵量的参考。在外界环境溶氧不足时，要暂停投喂，直到环境适宜、鱼能自由游动时方可投喂饵料。经停食的幼鱼，再喂食时要先少喂，慢慢增加至正常投饵量。只有合理投饵，才能既减少浪费又能促进幼鱼迅速生长发育，减少疾病和死亡。

另外，幼鱼在患病期间，一般以少投饵料为好，这是因为病鱼的消化机能大大减弱，多喂必产生饵料过剩情况，饵料残留在水中腐败变质而引起细菌的繁殖，对鱼体更为不利。

第五节 成鱼的养殖

一、养殖前的准备工作

由于池塘是天然水体，放养鱼苗前必须先进行一次全面的清洁整理。因为如果是没有养过金鱼的池塘，挺水植物较多，需要连根除尽，另外水草丛中也可能栖息着一些吃金鱼的野鱼，如乌鳢等，因此未养过金鱼的池塘不清理是不能使用的。而养过金鱼的池塘，饵料残渣和鱼的粪便等大量杂物沉积于坑底，形成一层淤泥和腐殖质，容易产生对金鱼有害的硫化氢等气体，也可能有大量的致病菌和寄生虫，池塘不加以清洁和整理，对金鱼的生长有害。清洁整理池塘的方法是，在养殖金鱼前 20～30 天，将池塘水排干，挖去淤泥，然后用生石灰或漂白粉消毒。每 667 米^2 用 40 千克生石灰，加水溶解后全池泼洒，第二天再用泥耙推动池底淤泥，进一步消除淤泥中的敌害；另一种方法是将漂白粉溶入水中全池泼洒，使池水含药量为 2 毫克/千克，泼完后，用竹竿在池中搅拌，使药水在池中均匀分布，第二天用泥耙推动池底淤泥的方法也能彻底对池塘进行消毒。池塘消毒后，在使用前，必须对池水进行毒性消除的测试，证明毒性消失，才能投苗养殖。其测试方法是先将池水底部搅拌一下，使底层池水翻起，盆中盛入池水置于阴凉处，放几尾小金鱼，饲养 2～3 天，如小金鱼没有死，证明池水毒性消除，是安全的，就可用于养殖金鱼了。

二、选择品种

与经常用来养殖金鱼的水泥池比较，池塘的面积要大得多，受自然条件的影响也较大，饲养管理较粗放，故放养的金鱼品种应以体质健壮、生命力较强的草金鱼、龙睛鱼、帽子鱼、望天和虎头为主。既可 2～3 个品种混养一起，也可采用 1 个品种单养。一个塘单养 1 个品种，金鱼的生长速度比较接近，不会发生因鱼大小不同而争食的情况或大鱼吃小鱼的现象。如池塘数有限，也可以多品种混合养，但要注意将规格一致的或游速相近的品种养在一起。如规格难以一致而又必须混养，则可将游速快的小鱼与游速慢的大鱼混养在一起。

三、金鱼的放养

池塘放养的金鱼苗均是亲鱼在鱼盆、鱼池中产卵孵化出来的仔鱼，待其体长达 1.5～2 厘米，根据体形是否端正、尾鳍中央是否分成四尾、能否呈水平状态游泳等特征来加以挑选，将留下来的鱼放入池塘后继续饲养。故放养时间一般在 6 月上旬左右，即鱼卵孵出后 30～45 天。放养密度为体长 1.5～2 厘米的鱼苗每平方米放养 250～300 尾。密度小于上述指标，则有鱼体延长、游态野性等不利因素；密度大于上述指标，则金鱼生长速度慢、容易发生浮头的现象，管理较困难。放养后经饲养 1 个月左右，到 7 月中旬鱼体长到 3～5 厘米时，应拉网 1 次，目的是进行第二次挑选和降低放养密度，小鱼的品种特征，如龙睛和望天的眼睛，高头、虎头的肉瘤，鱼鳍的大小和形状以及鱼体的颜色出现等，已能体现出金鱼品种的优劣，挑出来的好鱼可放回原坑继续饲养，其放养密度可为每平方米水面放养 100～150 尾。再放养 2 个月左右，鱼体就可长到 6～10 厘米，即可作为商品金鱼投放市场。

经验证明，在北京地区池塘放养经过挑选的 1.5～2 厘米的大规格金鱼苗，不仅成活率高，而且发育好的体形大的金鱼所占比例也高。

四、池水施肥

池塘饲养管理比较粗放，鱼苗期一般不投饵，金鱼苗摄食天然饵料。如池塘水肥力不够，浮游生物不足，就会影响金鱼生长，需要施肥。施肥量是根据天气、水温、水色、浮游生物量和鱼苗生长情况而定的。在放养鱼苗前 6～7 天，需在塘内施基肥 1 次，肥料可用发酵过的人、畜粪肥，如有条件也可使用大草堆肥，施肥量可按每 667 米^2 水面 500 千克粪肥的比例计算。肥料发生作用后，浮游生物便会大量繁殖，正好可供放养的幼鱼食用。池水颜色以菜绿色为好，水面应清净无杂物。如果遇到长期阴雨天气，池中有机肥料分解慢，浮游生物不够丰富时，可以补施化肥。每平方米水面投放硫酸铵或尿素 75～150 克、过磷酸钙 35～75 克，以提高池水的肥力。

五、金鱼池的换水

金鱼池的换水方法和时机的正确与否，在某种程度上可以说是直接决定金鱼生死存亡的关键之一。往往许多初养金鱼的人士养的金鱼一次又一次地死去，其大多数原因就是不能正确地掌握换水方法。

1. 饲养金鱼用水常用术语

（1）生水　指刚刚放出来未经晾晒处理过的自来水或井水。其水温通常与养鱼池（缸）中的水温相差较大，特别是自来水里含氯较多，这种水对金鱼危害极大，使用后金鱼轻则出现中毒，出现歪头、脊柱弯曲、感冒、诸鳍末梢充血，重则金鱼很快中毒死亡。

（2）新水（优水）　就是自来水、井水或泉水，经过晾晒、静置沉淀2～3 天的水，并且与鱼池（缸）水温相似的干净水。

（3）陈水　就是鱼池（缸）中底部含有粪便、污物的脏水，包括池（缸）中长期未换的养殖用水。

（4）老水　就是鱼池（缸）中清洁而呈嫩绿色、绿色、老绿色或绿褐色的水的统称，其中以嫩绿水最佳。在老水中浮游的绿藻较多，它们是金鱼很好的辅助饵料。这种水腐败分解的有机质少、溶氧较多，常以嫩绿色而清洁的老水养鱼。此外，有种池壁青苔丛生、日久澄清的水也属老水一类，这种水如果金鱼自幼已适应，则投饵多少，可按一般老水处理；如果对澄清水不适应的金鱼，则应减少投饵。

应该着重指出的是：如果发现原来的老绿水突然变成澄清水，许多绿藻沉淀缸底，这种现象称为回清水（俗称咬清水）。这是由于池（缸）中过剩的红虫以绿藻类为食；或是水质败坏和金鱼患病用药；或者水瘦，绿藻缺乏营养等，绿藻大批沉淀死亡。这种水很容易引发鱼病，必须及时彻底换掉。

2. 金鱼池的换水方法

金鱼池的换水方法有换水和注水两种。给金鱼池换水时首先要做好鱼池（缸）的卫生。金鱼在水中的排泄物、吃剩的饵料、外界飘落异物等，常沉积在水中，经微生物分解发酵后容易使水质变坏。所以在换水前要把所有的异物清除，同时金鱼的尿液水解后以氨为主要成分，氨在水中对金鱼有害，换水也是减少水中氨含量的措施之一。

换水时先将池水放一部分，再将鱼捞入事先备好的容器内，再把全部污水放掉，同时彻底刷洗池（缸）四周沉积的污物，使污物排出。然后再用消毒剂进行消毒（一般用5％的呋喃西林液），以杀死池（缸）中各种病原微生物。再用自来水冲洗池（缸）内的消毒药物，洗净后加入储备用水至原池水位。如果用自来水，要暴晒2～3天方可作金鱼饲养用水。如果将药物加入储备水中，可根据新加入储备水的原池（缸）的水质情况，适时把金鱼放入原池（缸）中饲养。但必须指出，要把金鱼放入原池饲养，必须注意新水质各方面的情况，如水温、硬度等条件不应与原水质相差过大；同时全池换水对繁殖期的亲鱼还可起到促使亲鱼食欲旺盛、增强体内新陈代谢、促进卵细胞成熟的作用。

一般情况下不采取全部换水的方法。以防止水质差异使金鱼产生不适应而发生意外，同时捕捞时也容易发生金鱼机械性损伤，给疾病侵袭鱼体以可乘之机。

通常换水采取注水的方法。先把浮在水面上的异物用捞海（用纱布制成）捞出，并用纱网轻轻将鱼池（缸）的水搅动几圈，使沉积的污物集中，再用虹吸管（胶管也可）将污物吸出池外。

金鱼池不论采取换水还是注水，在操作过程中，都要掌握轻、慢、稳，避免损伤鱼体，更不能用力搅拌池水，以防止水压力损伤鱼的内部组织。在加注新水过程中，水流速要慢，以免流速过大，产生冲击力损伤鱼体。注水时首先要控制好流速，同时注水管要平放在鱼池（缸）底部，管口朝向池（缸）壁，缓慢注入。

3. 金鱼池换水的时机

在天气炎热的季节，有的鱼池一天要换两次水，通常在上午太阳出来以前和下午太阳下山以后。但大多数在每天太阳下山后，进行一次换水或注水。

在寒冷季节，如要进行换水，必须在下午2时开始5时结束，要选择有阳光的好天气进行，操作时要特别注意，以免鱼体因创伤患水霉病。寒冷季节，金鱼池（缸）是否换水，要视水质情况而定。肉眼观察水色呈黄色或粉灰色时，闻之发臭、酸腥，就要换水；有融雪水入池中也要换水。但是换水太勤，金鱼会褪色。10～12月间的寒冷季节换水次数为5～7天换水1次；1～2月间，每月换水1次；2～3月间，每星期换水1次。换水当然也不应有时间限制，一切要根据金鱼池（缸）水质实际情况灵活掌握。

　　总之为了保持水质清洁，池（缸）水不受污染，饲养金鱼的容器要每隔1～2周刷洗1次，清除容器边沿的绿苔毛，以免因苔毛过长影响金鱼活动和导致水臭生虫。但陶质容器或水泥池壁的青苔绒底不要破坏掉，刷洗时只把表面杂质黏结的旧苔绒长毛刷去，清除苔面上的黏液，保护好苔底。厚厚的苔绒壁有利于金鱼栖息，在白天光合作用下，能产生氧气；绒壁还可以保护金鱼不被擦伤；光滑的苔绒还可以起到调节水温的作用；同时可以美化金鱼游弋环境。

六、金鱼池的日常管理

1. 坚持巡塘

　　每天早晚至少要巡视鱼塘两次，经过观察金鱼的活动和水质变化情况，适时注入清水，利于金鱼的生长。要预防敌害的袭击，经常注意清除蛙卵和蛙类，驱除水鸟，防止鸭子入池，以免造成损失。

2. 控制水位

　　随着金鱼的生长，金鱼的粪便、排泄物也随之增多，造成溶解有机质增加，溶氧量减少，反过来又抑制金鱼的生长，这种池水容易引起金鱼浮头。这时应定期注入新水，每次注入不要很多，使水深增加4～6厘米即可。夏季水温很高，可以把水深逐渐加到80～100厘米，防止金鱼"烫尾"。入秋后天气转凉，深水处水位保持在70厘米左右即可，以尽量延长金鱼的摄食和生长时间。由秋转冬，池塘结冰之后要求严格保持冰层下有1米深的不冻水体，以保证金鱼安全越冬。

第六节　科学投喂

金鱼的生长发育、能量消耗以及繁殖后代所需要的营养成分，要靠优质饵料提供。金鱼的饵料投放要从金鱼的实际需要出发，随时酌情投喂，以免浪费饵料以及污染水质。投喂适量质好的饵料，尤其投喂颗粒饲料是养鱼高产、优质、高效的重要技术措施。

一、投饲量

投饲量是指在一定的时间（一般是 24 小时）内投放到某一养殖水体中的饲料量，它与水产动物的食欲、种类、数量、大小和水质、饲料质量等有关，实际工作中投饲量常用投饲率进行度量。投饲率亦称日投饲率，是指每天所投饲料量占养殖对象体重的百分数。日投饲量是实际投饲率与水中载鱼量（指吃食鱼）的乘积。为了确定某一具体养殖水体中的投饲量，需首先确定投饲率和载鱼量。

1. 影响投饲率的因素

投饲率受许多因素的影响，主要包括养殖动物种类、规格（体重）、水温、水质（溶氧）和饲料质量等。

（1）鱼的规格　不同规格的鱼对饲料的摄食消化能力不同，故对投饲率的要求也不一样。幼龄阶段，生长速度快，对营养的要求量高，随着鱼的生长，生长速度逐渐下降，对营养素的需求量也随之下降。因此，在养殖生产中，鱼种阶段的投饲率要比成鱼阶段高，一般鱼类的体重与其饲料的消耗呈负相关。在水温为 28℃ 的条件下，1～5 克的幼鱼投饲率为 6%～10%，而 200 克以上的鱼一般投饲率为 3%。

（2）水温　鱼是变温动物，水温影响它们的新陈代谢和食欲。在适温范围内，鱼的摄食是随水温的升高而增加的。如 300 克的金鱼，水温在 18℃ 时摄食率为 1.6%，20℃ 时的摄食率为 3.4%，25℃ 时为 4.8%，30℃ 时为 6.8%。据此，应根据不同的水温确定投饲率，具体体现在一年中不同的月份投饲量应该有所变化。

（3）水质　水质的好坏直接影响到鱼的食欲、新陈代谢及健康。一般在缺氧的情况下，鱼会表现出极度不适和厌食，水中溶氧量充足时，食量加大。因此，应根据水中的溶氧量调节投饲率，如气压低时，水中溶氧量低，鱼容易缺氧，相应地应降低饲料喂料率，以避免未被摄食的饲料造成水质的进一步恶化。

（4）饲料的营养与品质　一般来说，质量优良的饲料鱼喜食，而质量低劣的饲料，如霉变饲料，则会影响鱼的摄食，甚至引起拒食。饲料的营养含量也会影响投饲率，特别是日粮的蛋白质的含量，对投饲率的影响最大。

2. 投饲量的确定

鱼类的投饲量的确定方法主要有两种：饲料全年分配法和投饲率表法。

（1）饲料全年投饵计划和各月分配法　为了做到有计划地生产，保证饵料及时供应，做到根据鱼类生长需要，均匀、适量地投喂饵料，必须在年初规划好全年的投饵计划。

饲料全年分配法根据的是从实践中总结出来的在特定的养殖方式下鱼的饲料全年分配比例表。具体方法是首先根据鱼池条件、放养的鱼种、全池计划总产量、鱼种放养量以及不同的养殖方式估算出全年净产量，然后根据饲料品质估测出饲料系数或综合饵肥料系数，估算出全年饲料总需要量，再根据饲料全年分配比例表，确定出逐月，甚至逐句和逐日分配的投饲量。

其中各月饵料分配比例一般采用"早开食，晚停食，抓中间，带两头"的分配方法，在鱼类的主要生长季节投饵量占总投饵量的 75％～85％；每日的实际投饵量主要根据当地的水温、水色、天气和鱼类吃食情况来决定。

这里以上海和无锡两地养殖相关鱼为例来说明月饵料分配计划（表 4-3）。

表 4-3　以投颗粒饲料为主的月饵料分配百分比（％）

月份	3	4	5	6	7	8	9	10	11
上海饵料分配百分比/％	—	1.9	5.7	9.3	13.4	18.5	24.6	21.5	5.1
无锡饵料分配百分比/％	1.0	2.5	6.5	11.0	14.0	18.0	24.0	20.0	3.0

（2）投饲率表法　投饲率表是根据试验和长期生产实践得出的不同种类和规格的鱼类在不同水温条件下的最佳投饲率而制成的，并根据水体中实际载鱼量求出每日的投饲量，其中实际投饲率经常要根据饲料质量及鱼类摄食情况进行调整。水体中载鱼量是指某一水体中养殖的所有鱼类的总重量，一般可用抽样法估测。抽样法过程如下：首先从水体中随机捕出部分鱼类，记录尾数并称重总重量，求出尾平均重。然后根据日常记录，用放养时总尾数减去死亡数得出水体中现存的鱼尾数，用此尾数乘以尾平均重即估测出水体中的载鱼量。鱼类的投饲率的影响因素很多，实际工作中要灵活掌握。

二、投喂技术

水产养殖由于鱼的品种不同、规格不同以及养殖环境和管理条件的变化，需要采用不同的投喂方式。饲养时必须根据鱼的大小、种类认真考虑饲料的特性，如饲料来源（活饵或人工配合饲料）、颗粒规格、组成、密度和适口性等。而投喂量、投喂次数对鱼的生长率和饲料利用率有重要影响。此外，使用的饲料类型（浮性或沉性、颗粒或团状等）以及饲喂方法要根据具体条件而定。可以说，投喂方式与满足饲料的营养要求同样重要。

1. 配合饲料的规格

颗粒饲料具有较高的稳定性，可减少饲料对水质的污染。此外，投喂颗粒饲料时，便于具体观察鱼的摄食情况，灵活掌握投喂量，可以避免饲料的浪费。最佳饲料颗粒规格随鱼体增长而增大，不能超过鱼口径。

2. 投饲方法

包括人工手撒投饲、饲料台投饲和投饲机投饲。人工手撒投饲的方法费时费力，但可详细观察鱼的摄食情况，池塘养鱼还可通过人工手撒投饲驯养鱼抢食。饲料台投饲可用于摄食较缓慢的鱼类，将饵料做成面团状，放置于饲料台让鱼自行摄食，一般要求饲料有良好的耐水性。投饲机投饲则是将饲料制成颗粒状，按一天总量分几次用投饲机自动投饲，要求准确掌握每日摄食量，防止浪费，该方法省时省力。

3. 投饲次数

投饲次数又称投饲频率，是指在确定日投饲量后，将饲料分几次投放到养殖水体中。具体投饲次数为鱼苗 6～8 次、鱼种 2～5 次、成鱼 1～2 次。

4. 投饲时间

投饲时间应安排在鱼食欲旺盛的时候，这取决于水温与溶氧量。

5. 投饲场所

池塘养鱼食场应选择在向阳、池底无淤泥的地方，水深应在 0.8～1.0 米之间。

6. 投喂要领

可概括为"四看"和"五定"。四看即看季节、看天气、看水质、看鱼情。鱼活动正常，能够在 1 小时内吃完投喂的饲料，次日可以适当增加投喂量，否则要减少投喂量。

（1）看季节　就是要根据不同的季节调整鱼的投喂量。一年当中两头少、中间多，6～9 月份的投喂量要占全年的 85%～95%。

（2）看天气　就是根据气候的变化改变投喂量。晴天多投，阴雨天少投，闷热天气或阵雨前停止投喂，雾天气压低时待雾散开再投。

（3）看水质　就是根据水质的好坏来调整投喂量。水质好、水色清淡，可以正常投喂，水色过深、水藻成团或有泛池迹象时应停止投喂，加注新水，水质变好后再投喂。

（4）看鱼情　就是根据鱼吃食和活动情况来改变投喂量，这是决定投喂量最直观的依据。

五定即定时、定位、定量、定质和定人。五定不能机械地理解为固定不变，而是根据季节、气候、生长情况和水环境的变化而改变，以保证鱼类都能吃饱、吃好，而又不浪费以致污染水质。

（1）定时　每天投喂时间可选在早晨和傍晚 2 次投喂，低温或高温时可以只投喂 1 次。

（2）定位　饲料应按金鱼的吃食习惯投喂到饲料台。遵照少量多次的办法，将饵料投放在食台上，夜间再将剩余的饵料取出来，以免污染水质，使鱼养成在固定位置摄食的习惯，既便于鱼的取食，又便于清扫和消毒。

（3）定量　保证饵料的数量和质量不仅为金鱼的生存、生长提供了能量源泉，同时也是增强鱼体体质的有效手段和提高机体抵抗力的需要。随着幼鱼的生长，水中浮游生物不够摄食，需要补给一些饲料，如芜萍、小浮萍、米糠、麸皮、豆饼和一定量的鱼虫等。豆饼需加水浸泡磨成豆子饼浆，投放在食料台上，投喂量每天每千尾喂 100～200 克，米糠量大致与豆饼相同。米糠、豆饼如金鱼吃不完，也可作为培养浮游生物之用，而不至于对金鱼造成危害。投喂鱼虫和人工饵料时，饵料的投喂量，可按金鱼体重的 1/5 左右，分几次投喂。越冬池塘在未结冰期可适当少投些饵料，结冰后就不再投喂。开春后水温渐渐升高，应视金鱼的食欲情况，适时投饵，并逐步增大投饵量。

（4）定质　就是要求饲料"精而鲜"，"精"要求饲料营养全面、加工精细、大小合适，"鲜"要求投喂的饲料必须保持新鲜清洁、没有变质、不含有毒成分，而且要在水中稳定性好、适口性好，防止鱼吃后中毒或患肠炎，引发消化系统疾病。

（5）定人　就是有专人进行投喂。

三、驯食

鱼的驯食就是训练鱼养成成群到食台摄食配合饲料的习惯。驯食可以提高人工饲料的利用率、增加鱼的摄食强度，使成鱼的捕捞、鱼病防治工作更加简单有效。如果池塘投放的鱼规格较大，且在苗种阶段进行过驯食，再进行驯食就比较容易；如果投放的鱼规格较小，且苗种阶段可能没有进行过驯食，应尽早训练。

第七节　科学增氧

合理使用增氧机，特别是应抓住每一个晴天，在中午将上层过饱和氧气输送至下层，以保持溶氧平衡。

目前，随着养鱼事业的发展，增氧机的使用已经十分普遍。养鱼者对增氧机能抢救池鱼浮头、改良水质、提高鱼产量和养殖经济效益的作用已予以了肯定，但怎样科学合理地使用增氧机，充分发挥增氧机的效能并不是人人都了解得十分清楚。使用增氧机对池塘水体进行增氧是改善池塘水质、底质、提高池塘生产能力最为有效的手段之一。增氧机增氧的基本原理是通过机械对水体的搅动增加水体与空气的接触表面积，使更多的氧气进入水体之中，同时，由于水体的搅动增加了氧气在不同水层的分布，有混匀不同区域的水质的作用。

增氧机具有增氧、搅水和暴气等方面的功能。在池塘养鱼中，高产鱼塘必须使用增氧机，可以这样说，增氧机是目前最有效的改善水质、防止浮头、提高产量的专用养殖机械之一。目前我国已生产出喷水式、水车式、管叶式、涌喷式、射流式和叶轮式等类型的增氧机，从改善水质、防止浮头的效果看，以叶轮式增氧机最为合适，增氧效果最好，在成鱼池养殖中使用也最广泛。据水产专家试验表明，使用增氧机的池塘净产相对增长 14% 左右。

一、增氧机的作用

在高产池塘里合理使用增氧机，在生产上具有以下作用：

（1）充分利用水体，增加自然饵量　开动增氧机可促进池塘内物质循环的速度，充分利用水体，增加浮游生物 3.7～26 倍，绿藻、隐藻、纤毛虫的种类和数量显著增加。

（2）增氧作用　增氧机可以使池塘水体溶解氧 24 小时保持在 3 毫克/升以上、16 小时不低于 5 毫克/升。据测定，一般叶轮式增氧机每千瓦·时能向水中增氧 1 千克左右。如负荷水面小，例如每 667 米^2 1～1.5 千瓦时，解救浮头的效果较好。在负荷面积较大时，可以使增氧机周围保持一个较高的溶解氧区，将浮头的鱼吸引到周围，达到救鱼目的。在浮头发生时，开启增氧机，可直接解救浮头，防止池塘进一步恶化出现泛池现象。

（3）搅水作用　叶轮增氧机有向上提水的作用，白天可以借助机械的力量造成池水上下对流，使上层水中的溶氧传到下层去，增加下层水的溶氧。而上层水在有光照的条件下，通过浮游植物的光合作用可继续向水中增氧。这样不仅可以大大增加池水的溶氧量，减轻或消除翌日早晨浮头的威胁，而且有利于池底有机物的分解。因此科学开启增氧机，能有效地预防浮头、稳定水质。

（4）暴气作用　增氧机的暴气作用能使池水中溶解的气体向空气中逸出，会把底层在缺氧条件下产生的有毒气体，如硫化氢、氨、甲烷等加速向空气中扩散。中午开机也会加速上层水中高浓度溶氧的逸出速度，但由于增氧机的搅水作用强、液面更新快，这部分逸出的氧量相对并不高，大部分溶氧通过搅拌作用会扩散到下层。

（5）可增加鱼种放养密度和增加投饵施肥量，从而提高产量　在相似的养殖条件下，使用增氧机强化增氧的鱼池比对照池可净增产13.8%～14.4%，使用增氧机所增加的成本不到因溶氧不足而消耗饲料费用的5%。

（6）有利于防治鱼病　尤其是预防一些鱼类的生理性疾病效果更显著。

因此，增氧机增加水中溶氧后，可以提高放养密度、增加投饵施肥量，从而增加产量、节约饲料、改善水质、防治鱼病。增氧机运行时间越长越能发挥增氧机的综合功能。

二、增氧机的配备及安装

确定装载负荷一般考虑水深、面积和池形。长方形池以水车式最佳，正方形或圆形池以叶轮式为好。叶轮式增氧机每千瓦动力基本能满足2535 米^2（3.5 亩）水面成鱼池塘的增氧需要，3002 米^2（4.5 亩）以上的鱼池应考虑装配两台以上的增氧机。

一般来说，每 667 米^2 产 500 千克以上的池塘均需配备增氧机，每667 米^2 配备增氧机的参考标准为：每 667 米^2 产 500～600 千克配备叶轮式增氧机 0.15～0.25 千瓦；每 667 米^2 产 750～1000 千克配备叶轮式增氧机 0.25～0.33 千瓦；每 667 米^2 产 1000 千克以上配备叶轮式增氧机0.33～0.5 千瓦。无增氧机鱼产量的极值为：每 667 米^2 产 500～750 千克。

增氧机应安装于池塘中央或偏上风的位置。一般距离池堤 5 米以上，并用插杆或抛锚固定。安装叶轮式增氧机时应保证增氧机在工作时产生的水流不会将池底淤泥搅起。另外，安装时要注意安全用电，做好安全使用

轻轻松松池塘养金鱼

保护措施，并经常检查维修。

三、增氧机使用的误区

虽然增氧机已经在全国各地的精养鱼池中得到普及推广，但是不可否认，还有许多养殖户在增氧机的使用上还很不合理，还是采用"不见兔子不撒鹰，不见浮头不开机"的方法，把增氧机消极被动地变成了"救鱼机"，只是在危急的情况下救鱼，而不是用在平时增氧养鱼。还有一个误区就是增氧机的使用时间短，每年只在高温季节使用，平时不使用，从而导致增氧机的生产潜力没有充分发挥出来。

四、科学使用增氧机

增氧机一定要在安全的情况下运行，并结合池塘中鱼的放养密度、生长季节、池塘的水质条件、天气变化情况，和增氧机的工作原理、主要作用、增氧性能、负荷等因素来确定运行时间，做到起作用而不浪费。

（1）开机时间上要科学　正确掌握开启增氧机的时间，需做到"六开，三不开"。"六开"：①晴天时午后开机；②阴天时次日清晨开机；③阴雨连绵时半夜开机；④下暴雨时上半夜开机；⑤温差大时及时开机；⑥特殊情况下随时开机，例如出现有浮头迹象立即开机，防止浮头或泛塘发生。"三不开"：①早上日出后不开机；②傍晚不开机；③阴雨天白天不开机。

（2）运转时间上要科学　半夜开机时间长，中午开机时间短；天气炎热开机时间长，天气凉爽开机时间短；池塘面积大或负荷水面大开机时间长，池塘面积小或负荷水面小开机时间短。

（3）最适开机时间和长短　要根据天气、鱼的动态以及增氧机负荷等灵活掌握开机时间和长短。池塘载鱼量在 0.75 千克/米^2（500 千克/亩）的池塘在 6～10 月生产旺季，每天开动增氧机两次，即下午 1～2 点开 1～2 小时、翌日 1～8 点开 5～6 小时。鱼类主要生长季节坚持每天开机几个小时。

由于池塘水体大，用水泵或增氧机的增氧效果比较差。浮头后开机、开泵，只能使局部范围内的池水有较高的溶氧，此时开动增氧机或水泵加水主要起集鱼、救鱼的作用。因此，水泵加水时，其水流必须平水面冲出，使水流冲得越远越好，以便尽快把浮头鱼引集到溶氧较高的新水中避免死鱼。

在抢救浮头时，切勿中途停机、停泵，否则反而会加速浮头、死鱼。一般开增氧机或水泵冲水需待日出后方能停机停泵。

（4）定期检修 为了安全作业，必须定期对增氧机进行检修。电动机、减速箱、叶轮、浮子都要检修，对已受到水淋侵蚀的接线盒，应及时更换。同时，检修后的各部件应放在通风、干燥的地方，需要时再装成整机使用。

第八节 加强管理

渔谚"三分养，七分管"，说明管理比饲养更重要。金鱼是低等变温动物，它的生存，要有充足的氧气、适温范围、适当的活动范围等条件以及清新的水环境。能否养出经济价值和观赏价值均较高的观赏金鱼，在很大程度上取决于养殖者对投饵的原则和方法以及换水、添水等日常管理技巧的掌握和在各环节上的用心程度。在养殖金鱼的过程中的操作技术可以用"仔细、轻缓、谨慎、小心"八个字来概括。可以说掌握了养鱼操作技术的要领，就不会碰伤鱼体，从而就不会有损金鱼的形态美。特别是一些珍贵品种，如珠鳞、绒球等碰掉后就不能再生，结果成为次品；水泡碰坏，虽可设法恢复，但技术难度增大，不易掌握，且极易导致泡体变小或左右不对称而大大降低观赏价值。更有甚者，碰伤鱼体后金鱼感染鱼病而死亡。

一、金鱼的日常观察

由于金鱼体内各组织分化不完全，对外界的抵抗力及适应能力差，在饲养过程中必须对金鱼进行全面的观察，发现异常，及时采取相应措施。观察内容有水质变化、金鱼浮动状态、水温、金鱼的吃食情况、呼吸、粪便及体表是否异常等。

1. 观察金鱼池中水质清洁卫生情况

金鱼终生栖息于水中，水质的好坏直接影响金鱼的生长发育、繁殖后代以及金鱼的生命安全。水是金鱼生存的基础，整个养殖过程都要保持金鱼用水的清洁卫生，避免有毒物质或异物的污染。对漂浮的异物、池底沉淀的异物、变质的饲料、粪便等要清除干净。如果水被异物严重污染，要进行清池换水。同时根据实际污染的程度综合其他因素考虑对金鱼池的刷洗和药物消毒，以确保金鱼用水的清洁卫生。

2. 观察金鱼用水的溶氧情况

金鱼池中的溶氧量以 5.5 毫克/升为宜，如果与此标准相差较大，金鱼体内代谢状态会出现异常。一般来讲，气温、水中杂质、饲养密度、浮游动物以及水草是影响水中溶氧的重要因素。气温越高，水中溶氧量越低；水中杂质过多，杂质分解会消耗水中溶氧；金鱼放养密度过大，代谢耗氧量就大；水中浮游生物和水草夜间呼吸耗氧等，都会造成溶氧的不足。一般溶氧在 3 毫克/升以下，金鱼就会浮头，长时间的浮头呼吸会造成鱼体内组织缺氧而窒息死亡。如果发现溶氧不足，要加注新水或开增氧机增氧。

3. 观察金鱼用水的理化因子

测试水中 pH 值可用 pH 试纸，也可用鱼的活动来判断。水呈酸性时金鱼的呼吸减弱，出现活动减慢、食欲差、生长停顿；碱性过大也会影响生长以致死亡。在饲养过程中可用石灰水调节水的酸碱度。同时金鱼的用水水温不能过冷或过热。

4. 观察金鱼的活动及吃食情况

金鱼有集群活动和底层觅食的习惯，如发现有离群独栖以及游动姿态有异（如仰游、鱼体偏向一侧、头部下沉等）者，就可断定该金鱼有异常，要及时处理。金鱼吃食喜欢集群而动，投饵后，金鱼立即数尾集群吃饵，此时如果发现有金鱼对饵料不感兴趣，或吃吃停停，说明该金鱼有异常，应仔细检查处理。

5. 观察金鱼的精神、 呼吸及粪便

金鱼在游动时，眼睛有神、左右转动、游动自如，则为精神好；如果目光呆板、游动迟缓或独处，则精神不好。如发现金鱼鳃盖舒张与关闭无力或过分用力，说明呼吸困难，金鱼浮出水面呼吸说明呼吸极度困难，其原因不是水中缺氧，就是金鱼体内组织器官有病引起的呼吸困难，应分别采取相应措施。金鱼的肛门括约肌不发达、收缩无力，不能弄断粪便，常常看到金鱼拖着一条粪便到处浮游，这是正常现象。金鱼粪便因饲料不同其颜色不同，吃动物性饵料，粪便为灰黑色呈条状；吃植物性饵料，粪便为白色呈条状。如果发现金鱼粪便为黄绿色稀粪沉于水底或排泄泡沫状粪便，说明金鱼消化系统异常，要及时诊断果断处理。

6. 观察金鱼的体表

金鱼体表有鳞片覆盖，鳞片外有一层黏膜保护使之不受损害，如有损伤或寄生虫等有害因素侵袭金鱼体表而发病，要及时进行处理。

总之，金鱼的日常观察工作是一项需要耐心细致、技术性和责任心强的工作，也是饲养金鱼的基本步骤，必须认真做好并持之以恒。

二、金鱼的防冻保暖

金鱼是变温动物，体温可随水温变化而变化，但其体温不能无休止地随水温任意变动。过冷或过热的天气，均影响金鱼的生长发育。做好金鱼的防冻保暖和防暑降温是养好金鱼的重要环节。

在较低的气温下，应采取一切手段使金鱼用水保持在适温范围内，至少不低于金鱼能忍受的最低临界水温。金鱼在 10℃ 以下水温中，随水温降低其活动量、吃饵量、新陈代谢的能力逐渐下降；当水温降至 6℃ 以下时，金鱼就停止吃食，活动量显著减小，体内代谢减弱；当水温在 0～4℃ 时，金鱼处于休眠状态，代谢已相当低，仅消耗少部分体内储存的营养来维持生命；水温低于零下 4℃，长期这样的水温可造成金鱼死亡。寒冷季节、低温水环境不仅影响金鱼的生长发育，同时也影响其繁殖后代的数量与质量。因此，防冷保暖的措施之一就是防止寒风吹进场内，保持一定水深，减少新水刺激。日落后低于 5℃ 时要遮盖芦帘、低于 0℃ 时要遮

盖草帘，第二天太阳出来后，水温加升，再将芦帘或草帘揭开。必要时将金鱼移到室内越冬，或在池四周用加温办法提高水温，防止水面结冰。如有结冰，要将冰面弄碎并取出池外。在降雪天气，要加盖草帘，雪停后及时揭开，以防融雪水进入池中大幅度降低水温，造成金鱼死亡。同时寒冷季节，要求放养密度不要过大，水质要清洁卫生。入冬以前用质量好的水蚤喂养金鱼，使金鱼入冬前膘肥体壮，提高对低温的忍耐力。如果投喂人工饵料，在饵料中应适当增加一些脂肪性物质，以补充体内能量供应，提高鱼的耐寒力。

三、金鱼的防暑降温

在炎热的气温下，使用一切手段使金鱼用水水温尽可能接近适温范围，至少不超过金鱼能耐受的最高临界温度。金鱼的体质不同，对外界温度的忍耐力也不同，体质较弱的金鱼，温度达 30℃ 左右就感到不适，而体质壮的金鱼温度在 34℃ 都能忍耐。金鱼在不同温度下生活，生理上会发生一系列的变化。当水温 10℃ 以上时，随温度的升高，金鱼的活动量、食欲、体内消化酶的活力等都逐渐增强，新陈代谢加强。由于代谢加强活动量增大，体内氧气需要量增加，排泄物相应增多，再加上饵料残留水中，水质相对降低。气温越高，这种情况越严重。根据以上特点，金鱼的防暑降温应采取以下措施：首先从物理方面着手。养殖场建设方向应坐北朝南，金鱼园内空气要流通；适当提高水位、降低放养密度、勤换水、投喂精活的饵料；在金鱼池上方 2～2.5 米高处，搭设凉棚架，太阳出来后，凉棚架上铺上芦帘或草帘遮住阳光，太阳下山后，再把帘揭开，要防止太阳光直射金鱼池水面；或者在池（缸）角栽种莲、荷等水生植物，用以遮挡烈日，同时还可减少人为惊动金鱼；室内养殖金鱼，要避免长时间太阳光直射，防止水温升高过快，在太阳下山后，根据金鱼状况和水质，进行金鱼池水的更换；另外，在金鱼池中安装增氧装置，也是防暑降温的有力措施。其次从金鱼本身着手。在炎烈季节到来之前及酷暑期间，要增加金鱼的抵抗力，要用适口性好、营养高的饵料喂金鱼，促进金鱼体壮力强。通常在每天清晨投喂，在早上 5～7 点前完成，使金鱼在清晨水温合适、食欲旺盛时，吃到营养高的适口水蚤，增强体质，增强抗暑能力。

四、金鱼的日常管理

金鱼的日常饲养管理是一个非常细心的工作，如吸污清池、遮阳防寒、投喂等。另外，成鱼不仅要求色泽鲜艳、体态优雅、特征突出、泳姿稳重，还要求 2 龄以上大鱼，身长要在 15 厘米、体重在 100 克以上，成鱼达到这个规格，其饲养复杂、成活率低，成本较高，往往采取一些加速培育的措施，加快生长。

金鱼生长速度与饲养环境、饲料质量有密切的关系，通常会采用减小放养密度，从而使金鱼有适宜活动范围和充足的氧气。充分供应活饵料，细致管理，可促使金鱼生长加快。另一种方法是选择体质强壮的幼鱼，放入土池饲养，要保证水面广阔、投料充足，除人工投喂饵料外，还有适口的天然饵料促使其生长加快，但这种饲养方法很容易使金鱼体态变形。要想防止金鱼体形变形，可用土池与缸交替饲养。有时根据微碱性的水对鱼生长有利的原理，使用 0.5%～1% 的小苏打溶液做短时间的浸洗，可促使鱼生长，还能增强金鱼体质，促使游泳活泼、大便通畅，预防鱼病发生。使用此方法应注意，因浸洗过的金鱼食欲增强，要供给金鱼充足的活的动物性饵料；用于浸泡的容器要适当放大；每次浸洗时间以 10～15 分钟为限，时间长短要适应具体情况。经验证明，水温在 24℃ 左右浸洗效果较为明显。

五、春季管理

3 月中下旬，气温升至 10 度左右时，金鱼"出盆"，这对金鱼恢复生机十分有利，只要管理恰当，金鱼体质就会恢复得很快。金鱼经越冬，体质都较弱，若管理欠妥易发病死亡。故管理重点应放在保温、适量投饵、防止鱼病上。

保温的主要措施是尽量用老水养鱼。金鱼出盆时换水 1 次，彻底清除越冬期鱼（缸）中积累的污物，使金鱼转入清洁舒适的环境中生活。出盆时要先将原池（缸）内上中层的老水吸出暂存，将鱼池（缸）洗涮干净后，仍注入原池（缸）上中层的老水，并加新水至 30 厘米深，再将鱼放入池（缸）。放老水的目的是起保温和辅助饵料的作用。还要在防止烫尾的前提下，让鱼池（缸）多晒春天的阳光，也有助于保持较高的水温。

春季投饵一定要适量，每天清池时，仔细观察鱼类的颜色和残饵的多少，以确定第二天的投饵量。如此观察数日，金鱼若消化良好、食欲旺盛，则可以逐渐增加投饵量，以加速体质的恢复和生长发育。

防病的重点要放在操作上，提倡出盆时换 1 次水，出盆后尽量少换水、少搬动，最好是局部换水，因为体质较弱的金鱼在换水时容易受刺激而得病。要尽量避免因操作不慎碰伤鱼体，捞鱼时，一定要用网迎着鱼前进方面轻轻兜取，既准又快，才不易碰伤鱼体。反之，老用网在鱼后追着捞取，网在水中有了阻力，用力追捕就易碰伤鱼体，从而为病菌的侵入提供了机会。对个体较大的怀卵雌鱼，最好带水捞取，以保证安全。

当雌鱼怀卵尚未完全成熟时，切忌换入新水和投喂过多的饵料。因为饱食、新水和水温上升三个因素的影响，可起催产作用，往往造成欲产卵又未成熟，引起泄殖孔闭塞，发生难产、死亡。

六、夏季管理

夏季是金鱼生长发育的旺季，这个季节，金鱼活跃、很少得病。但气温高达 37～38℃时，水温也常达 30℃以上，此时要警惕缺氧和烫尾两大威胁，要做好防暑降温工作。阵雨过后，即使原池水不算过老，也要彻底换水。因雨水降入鱼池表面，雨水温度较雨前池水温度低，温度低的水要往池底下沉，池底水温高的水要往上升，如此上下对流使池内污物也随之上下翻腾，加快分解速度，使水质恶化，严重时也会导致浮头或闷缸。夏季的金鱼食欲十分旺盛，要提防喂得过饱。夏季捞来的鱼虫较易死亡，刚死而未发臭变质的鱼虫仍可用来喂 1～2 龄的健康金鱼，要先喂死虫后喂活虫，否则金鱼吃饱活虫而将死虫留在水中，必然败坏水质。

夏季也是鱼病流行季节，如发现金鱼懒游少食、离群独处、鱼鳍僵缩或鱼体出现白点、白膜、红斑、溃疡等情况，要及时隔离治疗。

七、秋季管理

秋季大部分时间的水温都在金鱼的适温范围之内，是一年中金鱼生长发育最旺盛的季节。这时管理的重点是喂足喂饱，适当增加饵料中脂肪和蛋白质等营养成分的比例，只要金鱼吃得下、消化吸收好，就要尽量投喂饵料，让金鱼长得膘肥体壮、安全越冬。随着气温的下降，水温也渐低，换水的间隔时间也要较夏季适当延长，尽量用老水养鱼，每天遮盖时间也要渐渐缩短。

八、冬季管理

在南方池塘养殖的金鱼在冬季基本上是照常管理，根据水质变化施肥即可，因为南方地区很少结冰，只是水温降低一些，越冬问题不是很大。北方则不同，天气比较寒冷，池塘水结冰且冻层很厚，要做好越冬的管理。一般来讲，池塘与室内水泥池、盆、缸相比，有水体大、水质清新、金鱼不易生病和成活率高、容易管理、用工少、开支省的优点，故池塘是金鱼的理想越冬场所。由于池塘放养金鱼近一年，池中沉积大量的金鱼粪便和排泄物，加上冬季水表面结了一层冰，水与空气隔绝，容易造成金鱼缺氧窒息死亡。越冬之前，要注入新水，水深提高到 80 厘米左右，表层结冰，中下层仍保持 4℃ 左右的水温，金鱼基本处于休眠状态，活动很少，一般没有多大问题。晴朗无风的天气，在朝南面把表层的冰凿开捞起，使水与空气接触，补充水中的溶氧，这样就不至于缺氧。下雪过后，要清扫冰层上的积雪，避免浮游植物光合作用不足，造成水体缺氧。越冬鱼放养的时间应是结冰前，放养密度可大些。以每平方米计算，体长15～20 厘米的大金鱼，可放养 12～15 尾；体长 10～15 厘米的金鱼，可放养 45～60 尾；体长 5～10 厘米的当年金鱼，可放养 75～100 尾。

对于池塘里少量用于第二年种鱼的金鱼来说，入冬以后必须准备好越冬的金鱼房。以便做好立冬"入房"工作。金鱼房要坐北朝南、背风向阳、透光保温。室内要有取暖设备，通电、通水。准备好绳拉自由掀盖的草帘或棉帘，以便夜盖晨掀，发挥夜间御风寒、白天采光取暖的作用。若为半地下式金鱼房则更为理想。当气温降至接近0℃时，可将金鱼自鱼池中移入木盆或陶缸里，搬至室内越冬；如室内有鱼池可直接移入池中。室内温度以保持在 2～10℃ 为宜，这时金鱼很少活动和摄食。管理重点是防寒保暖、适当投饵，尽量保持金鱼不清瘦和不发病。整个冬季，换水、加水、清污等操作，在确保金鱼安全的前提下，都要减少到最低限度，一个月换水 1 次，2～3 天清污 1 次。操作时，要少捞少碰，防止体表损伤、出血、脱鳞，以杜绝水霉病、白点病的传播。

第五章

金鱼的疾病防治

第一节　金鱼的生病原因

金鱼是人工喂养的观赏鱼，生存环境与食用鱼有很大差异，由于缺乏诊断技术，给正确治疗带来一定的困难。由于金鱼患病初期不易被发现，一旦发现，病情就已经不轻，用药治疗作用较小，鱼病不能及时治愈，金鱼会大批死亡而使养殖者陷入困境。更重要的是，即使病鱼治愈，也往往在外形上留下缺陷，如鱼鳞脱落后不能再生；鱼鳍烂蚀后虽能再生但不能恢复原有长度及风韵；鱼体颜色也会不同程度地失去往日的光泽，而失去了观赏的价值。所以防治金鱼疾病要采取"预防为主、防重于治、全面预防、积极治疗"等措施，控制鱼病的发生和蔓延。

观赏鱼生活在水环境中，好的水环境将会使观赏鱼类不断增强适应生活环境的能力。如果水环境发生变化，就可能不利于观赏鱼类的生长发育，当观赏鱼的机体适应能力逐渐衰退而不能适应环境时，就会失去抵御病原体侵袭的能力，导致疾病的发生。

观赏鱼发生疾病的主要原因有环境因素、生物因素、鱼体自身因素和人为因素。

一、环境因素

维护金鱼正常的生理活动，要求有适合生活的良好水环境。水体的基本理化状态都会影响金鱼的生活，超过了鱼体所能承受的范围，即可导致金鱼发病。影响鱼类健康的环境因素主要有水温、水质、底质等。

1. 水温

金鱼是水生变温动物，在正常情况下其体温随外界环境尤其是水体的温度变化而发生改变。当水温发生急剧升高时，金鱼会由于适应能力不强而发生病理变化乃至死亡。在短时间内对水温突变的适应能力，一般鱼苗不超过2℃，鱼种及成鱼不超过5℃，温差太大会导致金鱼感冒，甚至会引起金鱼大量死亡。

2. 水质

水质的好坏直接关系到金鱼的生长，影响水质变化的因素有水体的酸碱度、溶氧、有机耗氧量（BOD）、透明度、氨氮含量等理化指标。在这些指标适宜的范围内，金鱼生长发育良好，一旦水质环境不良，就可能导致金鱼生病或死亡。

水质问题可分为两种情况，一是水质恶化；二是水太新、太生。如果鱼的密度大，导致生态环境恶劣，再加上不及时换水，鱼的排泄物、分泌物过多，二氧化碳、氨氮增多，水中微生物孳生，各种藻类生长过多，水质变混、变坏，溶氧量随之降低，导致水质恶化，此时会导致金鱼出现生存危机。因此，控制水质必须把握住两点，一是控制好密度，二是加强过滤系统。如果水太生、太新，对金鱼的伤害反而比恶化的水更加严重，因此，换水时最好保持部分原缸水。

3. 溶氧量

金鱼是比较耗氧的鱼，水体中溶氧量的高低对金鱼的正常生活有直接影响，因为金鱼食欲旺盛、新陈代谢快。尤其是体形臃肿、体力差，例如帽子头、狮子头、虎头等金鱼，如果经常在低氧的环境下，金鱼的食欲会降低，消化吸收也不好，还会妨碍金鱼的一些生理机能发育。如果溶氧量继续降低，金鱼会窒息而死。不及时换水，水中金鱼排泄物、分泌物过多，微生物孳生，蓝绿藻类浮游生物生长过多，都可使水质恶化，溶氧量降低，使鱼体的自身免疫力下降，金鱼更易发生疾病。因此在水温高、阴雨天的时候，水中溶氧量都会大大下降，必须注意及时增氧。

4. 酸碱度

金鱼对水质酸碱度有一定的适应范围，一般以 pH 值在 7.5～8.0 为宜，超过这个范围，也易患病。如果 pH 值在 5～6.5 之间，金鱼生长慢、体质较差，易患打粉病。

5. 底质

底质对池塘养殖金鱼的影响较大。底质中尤其是淤泥中含有大量的营养物质与微量元素，这些营养物质与微量元素对饵料生物的生长发育、水草的生长与光合作用都具有重要意义。当然，淤泥中也含有大量的有机物，会导致水体耗氧量急剧增加，往往造成池塘缺氧金鱼泛塘。

二、生物因素

1. 病原体

观赏鱼的病原体有真菌、细菌、病毒、原生动物等，这些病原体是影响观赏鱼健康的罪魁祸首。在鱼体中，病原体数量越多，鱼病的症状就越明显，严重时可直接导致鱼类大量死亡。

鱼病病原体传染力的大小与病原体在宿主体内定居、繁衍以及从宿主体内排出的数量有密切关系。水体条件恶化，有利于寄生生物生长繁殖，其传染能力就较强，对金鱼的致病作用也明显；如果利用药物杀灭或生态学方法抑制病原体活力来降低或消灭病原体，例如定期用生石灰清塘消毒，或投放硝化细菌增加溶氧、净化水质等生态学方法处理水环境，就不利于寄生生物的生长繁殖，寄生生物对金鱼的致病作用会明显减轻，鱼病发生机会就降低。因此，应切断病原体进入养殖水体的途径，根据金鱼病原体的传染力与致病力的特性，有的放矢地进行生态防治、药物防治和免疫防治，将病原体控制在不危害金鱼的程度以下，从而减少金鱼疾病的发生。

2. 藻类

一些藻类如卵甲藻、水网藻等对观赏鱼有直接影响。水网藻常常缠绕金鱼幼鱼并导致金鱼死亡；而嗜酸卵甲藻则能使金鱼发生打粉病。

3. 敌害

金鱼的敌害主要有鼠、蛇、鸟、蛙、凶猛鱼类、水生昆虫、水蛭、青泥苔等，这些天敌有的直接吞食金鱼而造成损失；另一方面，它们已成为某些金鱼寄生虫的宿主或传播途径，例如复口吸虫病可以通过鸥鸟等传播给其他健康鱼。

三、鱼体自身因素

鱼体的生理因素及鱼类免疫能力是抵御外来病原菌的重要因素，一尾自体健康的鱼能有效地预防部分鱼病的发生。

1. 生理因素

金鱼对外界的反应和抵抗能力是随着年龄、大小、身体健康程度、营养的改变而改变的。例如许多病都只在金鱼 1 龄内发作，像白点病对 2 龄鱼来说就几乎不发生；车轮虫病是苗种阶段常见的流行病，而随着鱼体年龄的增长，即使有车轮虫寄生，一般也不会表现异常。鱼鳞、皮肤及黏膜是鱼体抵抗寄生物侵袭的重要屏障，健康的鱼或体表不受损伤的鱼，病原体就无法进入，像打印病、水霉病等就不会发生。娇贵品种的金鱼因为被人们娇生惯养久了，相对抵抗力就较普通品种的差多了，因此饲养时更要注意。

2. 免疫能力

病原微生物进入鱼体后，常被鱼类的吞噬细胞所吞噬，并吸引白细胞到受伤部位，一同吞噬病原微生物，表现出炎症反应。如果吞噬细胞和白细胞的吞噬能力难以阻挡病原微生物的生长繁殖速度时，局部的病变将随之扩大，超过鱼体的承受力会导致金鱼死亡。

四、人为因素

1. 外部带入病原体

一般常见鱼病，都是病原体侵袭鱼体造成的。在家庭养殖金鱼过程中，投喂的活饲料、新购进的水草、用具、造景材料都可能带入病原体，因此所有这些外来物品进缸前都要进行严格的消毒。新购进的金鱼仓促入缸，也是一个巨大的隐患，原缸水可能会导致新鱼不适应、生病或死掉，而新鱼为了保护自己，大量分泌黏液，而这种黏液对原缸所在鱼也是有害的。所以新购进的鱼必须隔离饲养至少 1 周，健康无病后再慢慢倒入原来的鱼的养殖水，适应后再入缸。

2. 操作不当导致鱼体受伤

养殖者在倒箱换水、繁殖分缸、捕鱼、挤卵或隔离消毒时，因操作不谨慎，碰伤鱼体，或金鱼蹦到地上，都能导致金鱼受伤，造成金鱼皮肤出血、掉磷、鳍条断裂。鱼体受伤后，各种细菌、寄生虫霉菌蜂拥而至，尤其是水霉菌和寄生虫。因此，对于受了外伤的金鱼要立刻给予处理，对患部进行消毒，放回水中后，水中要加盐，最好能隔离一段时间。因此，平时操作一定要小心，尤其是大体型的金鱼，尽量少抓少捞，捞的时候要迎着金鱼游动方向，不要追着捞。

3. 饲养环节不谨慎

金鱼的饲养，多数情况下靠人工投喂，如果投喂的饲料营养成分不足，或者人工投饵不当，时投时停，金鱼时饱时饥、摄食不正常，都可引起金鱼体质衰弱，发生疾病。如果投喂了不清洁或变质的饲料，也能造成金鱼发病死亡。因此在投喂时要讲究四定技巧。

4. 没病乱放药

许多鱼友经常担心鱼缸水质，容易向鱼缸中添加过量清水的、杀菌的、消毒的药物，结果导致原来运转良好的系统被破坏了，造成鱼病丛生。

第二节　金鱼疾病的治疗

金鱼疾病的生态预防是"治本"，而积极、正确、科学地利用药物治疗鱼病则是"治标"，本着"标本兼治"的原则，对金鱼病进行有效治疗，是降低或延缓鱼病的蔓延、减少损失的必要措施。

一、金鱼疾病治疗的总体原则

"随时检测、及早发现、科学诊断、正确用药、积极治疗、标本兼治"

是金鱼病治疗的总体原则。

二、金鱼疾病治疗的用药原则

1. 对症下药

在防治金鱼病时，首先要认真进行检疫，对病鱼作出正确诊断，针对金鱼所患的疾病，确定使用药物及施药方法、剂量，才能发挥药物的作用，收到药到病除的效果。否则，不但达不到防治效果，浪费了大量人力、物力，更严重的是可能耽误了病情，致使疾病加剧，造成巨大损失。

2. 了解药物性能

用于治疗金鱼病的药物有很多，有外用消毒药、内服驱虫药、氧化性药物，还有部分农药及染料类的药物。各种药物的理化性质不同，对鱼病的治疗效果及施用方法也各不相同，必须了解和掌握这些药物的基本情况。例如漂白粉放置时间过长或保存不当，其有效氯的含量会降低，甚至失效，因此要进行必要的测定后方能使用，否则，可能收不到理想的治疗效果。

3. 准确计算药量

防治金鱼病，首先，必须根据诊断结果，正确地测量养殖水体的面积和水深，计算出水体体积，准确地估算金鱼的重量，从而计算出用药量，这样才能既安全又有效地发挥药物的作用。其次，养殖环境的变化，如水质的好坏等因素，对药物的作用和施药量也有一定的影响。

4. 观察疗效，总结经验

在施用药物后，要认真观察、记录，注意金鱼的活动情况及病鱼死亡情况。

三、治疗金鱼常见病的三种方法

金鱼一旦发生了疾病，治疗有一定的难度，特别是鱼苗和幼鱼都极为

娇嫩，用药更要慎重。下面分别介绍治疗鱼病中常用的三大法则。

1. 内服法

就是把治疗鱼病的药物掺入饲料，或者把粉状的饲料挤压成颗粒状、片状后来饲喂金鱼，从而达到预防和治疗目的的一种方法。但是这种方法常用于预防或鱼病初期，在金鱼自身一定要有食欲的情况下使用，一旦病鱼已失去食欲，此法就不起作用了。

这里要着重指出的是混入饲料中的药物要是没有毒性的，如痢特灵、大蒜素、呋喃西林、土霉素、磺胺类和维生素等。用3～5千克面粉加呋喃西林粉1～2克或痢特灵2～4克加工制成面条，可鲜用或晒干备用，也可煮熟剪碎投喂。同时，喂时要视鱼的大小、病情轻重、天气、水温和鱼的食欲等情况灵活掌握。

2. 浴洗法

这是治疗鱼病中的一种常用方法，就是将有病的金鱼放在特定配制的药液中浸浴一下，来达到治疗的目的，它适用于个别鱼或小批量患病的金鱼。

（1）容器大小与药品配制　根据病鱼数量决定使用的容器大小，一般可用面盆或小缸，放2/3的新水，然后按各种药品剂量和所需药物浓度，并根据鱼体大小、水温来配好药品溶液后，就可以把病鱼浸入药品溶液中治疗。

（2）浴洗时间　要按鱼体大小、水温、药液浓度和金鱼的健康状况而定。一般鱼体大、水温低、药液浓度低和健康状态尚可时，浴洗时间可长些；反之，浴洗时间应短些。

（3）注意事项　①认真观察：每当病鱼浴洗时，要随时注意观察病鱼有无出现不良反应，一旦发现病鱼狂游、抽搐或窒息时，要立即把病鱼捞入等温的新水中漂洗，尽量抢救，切不可大意而造成不必要的损失。

②漂洗：浴洗后的病鱼，最好先捞入新水中漂洗后再放回池（缸）里，用嫩水加增氧泵充氧予以静养，并停食或少食，多晒太阳。

③泼洒全池（缸）：在浴洗后，可用一定浓度药液来泼洒全池，这样可增强鱼病的治疗效果。

3. 泼洒法

就是根据金鱼的不同病情和池（缸）中总的水量算出各种药品剂量，配制好特定浓度的药液，然后向鱼池（缸）内慢慢泼洒。如果是土池子，因面积太大，可把病鱼用渔网牵往鱼池的一边，然后将药液泼洒在鱼群中，从而达到治疗的目的。

注意事项：这种方法适于患病金鱼数量较多又没有空余的池（缸）暂养的情况下采用。所以，治疗前应正确测定鱼池（缸）中水的体积，正确配制药液，浓度不宜过高。如果药液浓度过高，一旦出现意外，来不及换水翻池（尤其土池子），容易造成大批金鱼中毒死亡。而药液浓度偏低一点，还可以补泼药液。

第三节　常见金鱼疾病的诊断及治疗

一、病毒性疾病的诊断及防治方法

1. 鲤春病毒病

（1）症状特征　病鱼漫无目的地漂游，身体发黑、消瘦，眼球突出，反应迟钝，鱼体失去平衡、经常头朝下作滚动状游动，腹部肿大、腹水，肛门红肿，皮肤和鳃渗血。解剖后可以看到体内有大量的溶血腹水，肠、心、肾、鳔有时连同肌肉也出血。

（2）流行特点　① 该病毒感染后的潜伏期是 15～60 天；

② 在春季比较流行；

③ 在 15～17℃时感染后的金鱼出现病症，20℃以上则不再发病，当水温低于 13℃时，由于病毒的活力降低，其感染力也随之下降。

（3）危害情况　① 主要危害 9～12 月龄和 21～24 月龄的鱼种；

② 感染后死亡率在 30%～40%，有时高达 70%，严重时病鱼的死亡率可高达 100%。

（4）预防措施　① 积极抓好常规的预防措施，严格执行检疫制度，避免病原的侵入。

②要为越冬金鱼清除体表寄生虫（主要是水蛭和鱼鲺）。

③春季用消毒剂处理养殖场所。

④对可能带病毒的鱼卵用100毫克/升的聚维酮碘（PVP-I）液浸泡消毒30分钟，通过杀灭鱼卵上的病毒能有效地预防此病。

⑤用10%的聚维酮碘溶液拌在饲料里投喂，用量是每千克鱼体重0.03～0.05毫升，一次性投喂，连续投喂10～15天为一疗程；同时在第七天时用硫酸铜溶液全池泼洒一次，用量为每立方米的水体用硫酸铜0.7克。

⑥用含氯制剂全池泼洒可起到很好的预防作用。每立方米的水体用漂白粉1.2～1.5克或用20%的二氯异氰脲酸钠0.5克，或用30%的三氯异氰脲酸粉0.4克，在疾病流行季节，全池泼洒，每半月用药一次。

（5）治疗方法　①用亚甲基蓝拌饲料投喂，用量为1龄金鱼每尾鱼每天20～30毫克，2龄鱼每尾每天35～40毫克，连喂10天，间隔5～8天后再投饲10天，共喂3～4次为一个疗程。对亲鱼可以按3毫克/千克鱼体重的用药量，料中拌入亚甲基蓝，连喂3天，休药2天后再喂3天，共投喂3次为一个疗程。

②用含碘量100毫克/升的聚维酮碘洗浴20分钟。

③中草药拌饲料投喂，每千克鱼体重用大黄4克、黄芩4克、黄柏4克、板蓝根4克、食盐3.5克，充分粉碎并搅拌后，一天投喂一次，连用7～10天为一疗程。

2. 痘疮病

（1）症状特征　发病初期，体表或尾鳍上出现乳白色小斑点，覆盖着一层很薄的白色黏液。随着病情的发展，病灶部分的表皮增厚而形成大块石蜡状的增生物。这些增生物长到一定大小之后会自动脱落，而在原处再重新长出新的增生物。这种增生物先软后硬，颜色多变，有奶油色、桃红色、褐色，形似痘疮，故名。病鱼消瘦、游动迟缓、食欲较差、沉在水底、陆续死亡。

（2）流行特点　①患病的有鱼种、成鱼，秋末和冬季是主要的流行季节；

②当饲养水中的有机质较多时，金鱼就容易发生此病。

（3）危害情况　①危害当年的小金鱼；

②感染此病的金鱼大多在越冬后期出现死亡。

（4）预防措施　①强化秋季培育工作，使金鱼在越冬前增加肥满度，增强抗低温和抗病能力；

②经常投喂水蚤、水蚯蚓、摇蚊幼虫等动物性鲜活饵料，加强营养，增强抵抗力；

③用生石灰化水全池泼洒，池水深保持在 40 厘米左右，调整 pH 值为 9.4～10.0 并维持两天后，再加入新水。

（5）治疗方法　①用含量为 8% 的稳定性粉状二氧化氯制备水溶液全池泼洒，使水体中药物浓度达到 0.4～0.6 毫克/升，10 天后再施药一次，对此病有较好的疗效；

②按每 1 千克的饲料配制 50 克的大黄比例，先将大黄研成粉末，再用开水浸泡 12 小时后，与饲料搅拌均匀进行投喂，每天投喂一次，连喂 7～10 天。

3. 出血病

（1）症状特征　病鱼眼眶四周、鳃盖、口腔和各鳍条的基部充血。如将皮肤剥下，肌肉呈点状充血，严重时体色发黑、眼球突出，全部肌肉呈血红色，某些部位有紫红色斑块，病鱼呆浮或沉底懒游。打开鳃盖可见鳃部呈淡红色或苍白色。轻者食欲减退，重者拒食、体色暗淡、清瘦、分泌物增加，有时并发水霉、败血症而死亡。

（2）流行特点　水温在 25～30℃ 时流行，每年 6 月下旬～8 月下旬为流行季节。

（3）危害情况　①患病的主要是当年金鱼；

②能引起金鱼大量死亡；

③此病是急性型，发病快、死亡率高。

（4）预防措施　①幼小金鱼培养过程中，适当稀养，保持池水清洁，每周要有三天投喂水蚤、剑水蚤、水蚯蚓等鲜活食料，对预防此病有一定的效果。

②调节水质，4 月中旬开始，每隔 20 天泼生石灰 30～37 克/米^2，7～8 月用漂白粉 1 毫克/千克浓度全池遍洒。每 15 天进行一次预防，对预防出血病有一定作用。

③ 发病季节不拉网或少拉网，发病池与未发病池水源隔离，死鱼、病鱼要及时捞出深埋地下，渔具经消毒方可使用。

④ 用含氯制剂全池泼洒可起到很好的预防作用。每立方米的水体用漂白粉1.2～1.5克或用20%的二氯异氰脲酸钠0.5克，或用30%的三氯异氰脲酸粉0.3克，在疾病流行季节，全池泼洒，每半月用药一次。

（5）治疗方法 ① 在10千克水中，放入100万单位的卡拉霉素或8万～16万单位的庆大霉素，病鱼水浴静养2～3小时，多则半天后换入新水饲养，每日一次，一般2～3次即可治愈。

② 用敌百虫、高锰酸钾、强氯精全池泼洒，使池水中药剂的浓度分别呈0.5～0.8毫克/千克、0.8毫克/千克、0.3～0.4毫克/千克。

③ 每吨饲料加氟哌酸200克，连喂3～5天。或每吨饲料加氯霉素500～1000克，连喂3～5天。

④ 每万尾用4千克水花生、250克大蒜、250克食盐与浸泡豆饼一起磨碎投喂，每天2次，连续4天，施药前一天用硫酸铜0.7毫克/千克全池泼洒。

二、细菌性疾病的诊断与防治方法

1. 细菌性败血症

（1）症状特征 患病早期及急性感染时，病鱼的上下颌、口腔、鳃盖、眼睛、鳍基及鱼体两侧均出现轻度充血，肠内尚有少量食物。当病情严重时，病鱼体表严重充血，眼眶周围也充血，眼球突出，肛门红肿，腹部膨大，腹腔内积有淡黄色或红色腹水。

（2）流行特点 从2月下旬到11月中旬，流行高峰期常为5～9月。该病流行水温为15～36℃，尤其以25℃以上更为严重。

（3）危害情况 ① 该病是一种能造成重大损失的急性传染病；

② 从2月龄的鱼种至亲鱼均可能受到该病的危害，发病率可高达100%，而且重病鱼的死亡率高达95%以上。

（4）预防措施 ① 鱼种下池前严格实施鱼种消毒，可以采用浓度为15～20毫克/升的高锰酸钾水溶液浸泡10～30分钟，也可以采用浓度为1～2毫克/升的稳定性粉状二氧化氯水溶液浸泡10～30分钟；

② 加强饲养管理，适当降低放养密度，注意改善水质，尽量多投喂天然饲料及优质饲料，不投喂变质、有毒饲料或营养不全面的饲料，提高抗病力；

③ 发病鱼池用过的工具要进行消毒，病、死鱼要及时捞出深埋，而不能到处乱扔，发病后的池水未做消毒处理不能乱排水；

④ 在疾病流行季节用中草药预防，按每立方米的水体用干乌桕叶 4 克，先将乌桕叶用 20 倍重量的 2％石灰水浸泡过夜，再煮沸 10 分钟，然后连水带渣，全池泼洒，每半月一次。

（5）防治方法　① 泼洒优氯净使水体中的药物浓度达到 0.6 毫克/升或泼洒稳定性粉状二氧化氯，使水体中的药物浓度达到 0.2～0.3 毫克/升；

② 每千克鱼体重用氟苯尼考 15 毫克或甲砜霉素 20 毫克，拌在饲料里投喂，一天一次，连用五天为一疗程。

2. 溃疡病

（1）病症特征　病鱼游动缓慢、独游、眼睛发白、皮肤溃烂，溃疡损害只限于皮肤、骨骼和骨头。溃疡区多为圆形，直径达 1 厘米。

（2）流行特点　常见病，全年可见。

（3）危害情况　各种阶段的金鱼均可患病。

（4）预防措施　① 金鱼入池前用聚维酮碘 20～30 毫克/千克浸泡鱼体 5～10 分钟；

② 每千克体重鱼用氟哌酸 50 毫克和适量多种维生素，连续投喂 3～5 天，一日一次。

（5）治疗方法　① 用福尔马林对溃疡区消毒后，效果较好；

② 可用 50 毫克氯霉素兑 1 升水进行药浴，连续一周，病鱼即可痊愈；

③ 在饵料中掺入 1％～3％庆大霉素或红霉素、环丙沙星，连续用药 5 天。

3. 疖疮病

（1）症状特征　鱼体病灶部位皮肤及肌肉组织发生脓疮，隆起红肿，用手摸有柔软浮肿的感觉。脓疮内部充满脓汁和细菌。脓疮周围的皮肤和

肌肉发炎充血，严重时肠也充血。鳍基部充血，鳍条裂开。

（2）流行特点　无明显的流行季节，四季都可出现。

（3）危害情况　危害各阶段的金鱼。

（4）预防措施　① 彻底清塘消毒；

② 用漂白粉挂篓预防；

③ 用 1 毫克/升的漂白粉全池泼洒。

（5）治疗方法　① 用磺胺噻唑喂鱼。每 50 千克鱼第 1 天用药 5 克，第 2～6 天用药量减半。药物与面粉拌和投喂，连喂 6 天。

② 每 100 千克鱼每天用呋喃唑酮 5 克拌饲料，分上、下午两次投喂，连喂 15～20 天。

4. 竖鳞病

（1）症状特征　病鱼体表肿胀粗糙，部分或全部鳞片张开似松果状，鳞片基部水肿充血，严重时全身鳞片竖立。用手轻压鳞片，鳞囊中的渗出液即喷射出来，随之鳞片蜕落。后期鱼腹膨大，失去平衡，不久死亡。有的病鱼伴有鳍基充血、皮肤轻度充血、眼球外突；有的病鱼则表现为腹部膨大、腹腔积水、反应迟钝、浮于水面。

（2）流行特点　① 一般流行于水温低的季节或短时间内水温多变时，尤其是鱼类越冬后，抵抗力减弱，最易患病；

② 每年秋末至春季为主要流行季节；

③ 常有两个流行高峰期，一是金鱼产卵期，二是金鱼越冬期。尤以产卵期发生该病的较多；

④ 在池塘中较流行。

（3）危害情况　① 主要危害个体较大的金鱼；

② 病鱼的死亡率一般在 50% 左右。

（4）预防措施　① 强化秋季培育工作，使越冬的金鱼抗低温和抵抗疾病的能力增强；

② 在捕捞、运输等操作过程中严防鱼体受伤，以免造成细菌感染；

③ 定期向池中加注新水，保持优良的饲养水水质。

（5）治疗方法　① 在患病早期，刺破水泡后涂抹抗生素和敌百虫的混合液。产卵池在冬季要进行干池清整，并用漂白粉消毒。

② 用浓度为 2% 的食盐溶液浸洗鱼体 5～15 分钟，每天 1 次，连续浸

洗 3～5 次。

③ 用 2％的食盐和 3％小苏打混合液浸洗病鱼 10～15 分钟，然后放入含微量食盐（1/10000～1/5000）的嫩绿水中静养。

④ 每 100 千克水加捣碎的大蒜头 0.5～1 千克，搅匀后将鱼放入，浸洗约半小时。

5. 皮肤发炎充血病

（1）症状特征　皮肤发炎充血，以眼眶四周、鳃盖、腹部、尾柄等处较常见，有时鳍条基部也有充血现象，严重时鳍条破裂。病鱼浮在水表或沉在水底部，游动缓慢、反应迟钝、食欲较差，轻者影响观赏，重者导致死亡。

（2）流行特点　① 春末到秋初是该病的流行季节；

② 水温 20～30℃是该病的流行盛期。

（3）危害情况　① 危害个体较大的当年鱼；

② 死亡率较高，可引起金鱼大量死亡。

（4）预防措施　① 合理密养，水中溶氧量维持在 5 毫克/升左右，尽量避免金鱼浮头。

② 加强饲养管理是预防该病发生的关键。以投喂配合饲料为主饲养金鱼时，每周至少也要有 3 天投喂水蚯蚓等动物性活饵，并加喂少量浮萍，以增强金鱼的抗病力。

（5）治疗方法　① 用呋喃西林或呋喃唑酮 0.2～0.3 毫克/千克浓度全池遍洒。如果病情严重浓度增加到 0.5～1.2 毫克/千克，疗效更好。

② 用氟哌酸内服，每 10 千克鱼体重用药 0.8～1.0 克，每天 1 次，拌饵连续内服 6 天。

③ 将呋喃西林粉 0.2 克加食盐 250 克溶于 10 千克水中，浸洗病鱼 10～20 分钟。

④ 用低浓度的高锰酸钾溶液浸洗病鱼 10 小时。

6. 打印病

（1）症状特征　发病部位主要在背鳍和腹鳍以后的躯干部分，其次是腹部侧或近肛门两侧，少数发生在鱼体前部。病初先是皮肤、肌肉发炎，出现红斑，后扩大成圆形或椭圆形，边缘光滑，分界明显，似烙印。随着病情的发展，鳞片脱落，皮肤、肌肉腐烂，甚至穿孔，可见到骨骼或内脏。病鱼身体瘦弱、游动缓慢，严重发病时，陆续死亡。

（2）流行特点 ① 春末至秋季是流行季节，夏季水温 28～32℃ 是流行高峰期；

② 各地均有。

（3）危害情况 此病是金鱼的常见病、多发病，患病的多数是 1 龄以上的大鱼，当年金鱼患病少见。

（4）预防措施 ① 彻底清塘，经常保持水质清洁，加注新水；

② 加强饲养管理，注意细心操作，避免鱼体受伤，可有效预防此病；

③ 在发病季节用 1 毫克/千克的漂白粉全池泼洒消毒。

（5）治疗方法 ① 用 2.0～2.5 毫克/千克红霉素浸洗；

② 发现病情时，及时用 1% 呋喃唑酮液涂抹患处，并用相同的药物泼洒，使水体中的药物浓度达到 0.3～0.4 毫克/升；

③ 用稳定性粉状二氧化氯泼洒，使水体中的药物浓度达到 0.3～0.5 毫克/升。

7. 出血性腐败病

（1）症状特征 病鱼体表局部或大部充血发炎，鳞片脱落，特别是鱼体两侧及腹部最明显。背鳍、尾鳍等鳍条基部充血，上下颌及鳃盖都有充血现象，部分病鱼的鳍条末端腐烂（常称为"蛀鳍"）。

（2）流行特点 ① 该病一年四季都可以发生；

② 水温 25～30℃ 时最为常见；

③ 我国各地都有此病流行。

（3）危害情况 此病常与细菌性烂鳃病、肠炎病、水霉病并发，对金鱼造成很大的损伤。

（4）预防措施 ① 注意饲养管理，操作要小心，尽量避免鱼体受伤；

② 预防该病时，室外大池可用漂白粉 1 毫克/千克浓度全池遍洒；

③ 放鱼后在饵料台用漂白粉挂篓，或漂白粉 250 克兑水溶化后，立即在饵料台及附近泼洒，每半月一次。

（5）治疗方法 ① 用利凡诺 20 毫克/千克浸洗或 0.8～1.5 毫克/千克全池遍洒；

② 泼洒稳定性粉状二氧化氯，使水体中的药物浓度达到 0.3～0.5 毫

克/升。

8. 肠炎

（1）症状特征　病鱼呆滞，反应迟钝，离群独游，行动缓慢，厌食甚至失去食欲，鱼体发黑，头部、尾鳍更为显著，腹部膨大、出现红斑，肛门红肿。初期排泄白色线状黏液或便秘，严重时，轻压腹部有血黄色黏液流出。有时病鱼停在水族箱角落不动，做短时间的抽搐至死亡。

（2）流行特点　① 多见于4～10月，水温达到18℃以上时开始流行，流行高峰时的水温通常为25～30℃；

② 此病是一种流行很广的细菌性疾病，并且常与细菌性烂鳃病、赤皮病并发。

（3）危害情况　可引起鱼大批死亡，平均可达50%以上，严重时死亡率可高达90%。

（4）预防措施　① 饲养环境要彻底消毒，投放鱼种前用浓度为10毫克/升的漂白粉溶液浸洗饲养用具；

② 加强饲料管理，掌握投喂饲料的质量，忌喂腐败变质的饲料，在饲养过程中定期加注新水，保持水质良好。

（5）治疗方法　① 在50千克水中溶呋喃西林或痢特灵0.1～0.2克，然后将病鱼浸浴20～30分钟，每日一次；

② 对于发病严重已经不摄食的鱼，可每天腹腔注射卡那霉素200～500单位，连续3～5天或至症状消失。

9. 烂鳍病

（1）症状特征　鱼鳍破损、变色、无光泽，伤口分泌黏液，烂处有异物，或透明的鳍叶发白，白色逐渐扩大。严重时鱼鳍残缺呈扫帚状或不能舒展。整个鱼鳍腐烂，尾鳍与背鳍、腹鳍均有可能腐烂导致鱼死亡。

（2）流行特点　一年四季都有此病发生，多流行于夏季。

（3）危害情况　对于一些鳍薄的金鱼，极易发生。

（4）预防措施　① 用浓度为200毫克/升的生石灰或浓度为20毫克/升的漂白粉进行彻底清塘；

② 运输时，采用4%的盐水浸泡5～10分钟，消灭鱼体表的病原体。

（5）治疗方法　① 用低浓度的高锰酸钾溶液浸洗消毒；

② 用 20 毫克/千克金霉素溶液药浴 2～3 小时，连续数天；

③ 每 10 千克水中放入 5 万～10 万单位的青霉素浸泡病鱼，直至治愈；

④ 食盐加高锰酸钾（2 毫克/千克）浸泡病鱼。

三、原生动物性疾病的诊断与防治方法

1. 小爪虫病

（1）症状特征　患病初期，胸鳍、背鳍、尾鳍和体表皮肤均有大量小爪虫，密集寄生时形成白点状囊泡，严重时全身皮肤和鳍条满布着白点和盖着白色的黏液。后期体表如同覆盖一层白色薄膜，黏液增多，体色暗淡无光。病鱼身体瘦弱，聚集在鱼缸的角上、水草、石块上互相挤擦，鳍条破裂，鳃组织被破坏，食欲减退，常呆滞状漂浮在水面不动或缓慢游动，终因呼吸困难死亡。

（2）流行特点　① 金鱼在一年四季都可感染，但有明显的季节性，3～5 月、11～12 月为流行盛期；

② 水温 15～20℃最适宜小爪虫繁殖。

（3）危害情况　① 是金鱼常见病、多发病；

② 传染速度很快；

③ 从鱼苗到成鱼都会患病而大量死亡。

（4）预防措施　① 在放鱼前用生石灰彻底清塘；

② 提高水温至 28℃以上，并及时更换新水，保持水温；

③ 加强饲养管理，每天投喂活水蚤、水蚯蚓等，增强鱼体免疫力；

④ 对已发过病的池塘先要消毒，再用 5％食盐水浸泡 1～2 天，以杀灭小爪虫及其孢囊，并用清水冲洗后再养鱼。

（5）治疗方法　① 用冰醋酸 167 毫克/千克浸洗鱼体，水温在 17～22℃时，浸洗 15 分钟。相隔 3 天再浸洗一次，3 次为一疗程。

② 选用 0.05％～0.07％浓度的红汞溶液，浸洗病鱼 5～15 分钟，持续 2～3 天，效果良好。

③ 用 2 毫克/千克的甲基蓝溶液浸泡病鱼，每天浸泡 6 小时。

2. 斜管虫病

（1）症状特征　斜管虫寄生于鱼的皮肤和鳃，使局部分泌物增多，逐渐形成白色雾膜，严重时遍及全身。病鱼消瘦，鳍萎缩不能充分舒展，呼吸困难、呈浮头状，食欲减退，漂游于水面或池边，随之发生死亡。

（2）流行特点　① 全国各地都有分布。

② 流行季节为初冬和春季。当水温在 12～23℃ 等条件适宜的情况下，斜管虫会大量繁殖，池塘水温 25℃ 以上时，通常不会发生此病。

（3）危害情况　此病对苗种危害严重。

（4）预防措施　① 加强饲养管理，保持良好水质，越冬前应将鱼体上的病原体杀灭，再进行肥育；

② 池塘在放鱼前 10 天用适量生石灰彻底清塘消毒。

（5）治疗方法　① 用 2％～5％ 食盐水浸洗 5～15 分钟。

② 用 20 毫克/千克高锰酸钾浸洗病鱼，水温 10～20℃ （包括 20℃）时，20～30 分钟；20～25℃ 时，浸洗 15～30 分钟。

③ 水温在 10℃ 以下时，全池泼洒硫酸铜及硫酸亚铁合剂（5∶2），使药物在池水中呈 0.6～0.7 毫克/升的浓度。

3. 车轮虫病

（1）症状特征　车轮虫主要寄生于鱼鳃、体表、鱼鳍或者头部。大量寄生时，鱼体密集处出现一层白色物质，虫体以附着盘附着在鱼体上，不断转动，虫体的齿钩能使鳃上皮组织脱落、增生、黏液分泌增多，鳃丝颜色变淡、不完整，病鱼体发暗、消瘦、失去光泽，食欲不振甚至停食，游动缓慢或失去平衡，常浮于水面。

（2）流行特点　① 每年 5～8 月为流行季节；

② 水温在 25℃ 以上时车轮虫大量繁殖。

（3）危害情况　①主要危害鱼苗、鱼种；

② 车轮虫寄生数量多时，可导致金鱼死亡。

（4）防治措施　① 合理施肥，放养前用生石灰清塘。

② 用 1 毫克/千克硫酸铜溶液浸泡病鱼 30 分钟，水温降至 1℃ 时，浓度增加至 8 毫克/千克。浸泡的同时加氯霉素 5 毫克/千克。

（5）治疗方法　① 用 25 毫克/千克福尔马林药浴处理病鱼 15～20 分

钟或福尔马林 15～20 毫克/千克全池泼洒；

②8 毫克/千克硫酸铜浸洗 20～30 分钟，或 1％～2％食盐水浸洗 2～10 分钟；

③0.5 毫克/千克硫酸铜、0.2 毫克/千克硫酸亚铁合剂，全池泼洒。

4. 鱼波豆虫病

（1）症状特征　皮肤上形成一层乳白色或蓝色黏液，被鱼波豆虫穿透的表皮细胞坏死，细菌和水霉菌容易侵入，引起溃疡。感染的鳃小片上皮细胞坏死、脱落，使鳃器官丧失了正常功能，呼吸困难。病鱼丧失食欲、游泳迟钝、鳍条折叠、漂浮水面，不久即死亡。

（2）流行特点　① 多半出现在面积小、水质较脏的池塘中；

② 主要流行季节为冬末至初夏。

（3）危害情况　① 主要危害幼鱼，患病幼鱼可在数天内突然大批死亡；

② 对鱼的生长发育有一定影响，尤其是患病的亲鱼，可把病传给同池孵化的鱼苗；

③ 在越冬后，如果动物性饵料缺乏，患病后的金鱼极易死亡。

（4）预防措施　① 进箱鱼种健壮、无伤；

② 鱼种放养前用 10～20 毫克/千克高锰酸钾液药浴 10～30 分钟；

③ 每 100 米² 水面放楝树或枫杨树新鲜枝叶小捆 2.5～3 千克沤水，隔天翻一下，每隔 7～10 天换一次新鲜枝叶。

（5）治疗方法　① 用浓度为 2％～4％的食盐水溶液浸洗鱼体 5～15 分钟；

② 病鱼池每立方米水体用 0.7 克硫酸铜与硫酸亚铁合剂（5：2）全池遍洒；

③ 可用磺胺类药物拌饲料投喂，用量为 100～200 毫克/千克，连喂 3～7 天。

5. 黏孢子虫病

（1）症状特征　鱼体的体表、鳃、肠道、胆囊等器官能形成肉眼可见的大白色孢囊，使鱼生长缓慢或死亡。严重感染时，胆囊膨大而充血、胆管发炎、孢子阻塞胆管。鱼体色发黑、身体瘦弱。

（2）流行特点　①黏孢子虫病的发生没有明显的季节性，常年均可出现；

②在我国各地都有发生。

（3）危害情况　金鱼易感染，严重时会导致金鱼死亡。

（4）预防措施　①用生石灰彻底清塘，187克/米^2；

②放养前用500毫克/千克的高锰酸钾浸洗30分钟；

③发现病鱼应及时清除，并深埋于远离水源的地方。

（5）治疗方法　①0.5～1毫克/千克敌百虫全池泼洒，两天为一个疗程，连用两个疗程；

②饲养容器中遍洒福尔马林，使水体中的药物浓度达到30～40毫克/升，每隔3～5天一次，连续3次。

6. 绦虫病

（1）症状特征　病鱼腹部膨大，严重时，鱼常在水面侧着身子或腹部向上，缓慢游动。剖开鱼腹可以看到体腔内充满白色面条状虫体，鱼体极度消瘦，失去生殖能力，甚至死亡。有时虫体还可以钻破鱼腹。

（2）流行特点　全年均可以发生。

（3）危害情况　虫体寄生后不仅严重影响鱼体的生长和繁殖，严重时还能引起死亡。

（4）预防措施　在观赏鱼苗放养前10天用适量生石灰彻底清塘，以杀灭剑水蚤及虫卵和第一中间寄主。

（5）治疗方法　①用90％晶体敌百虫0.5毫克/千克全池泼洒，同时用90％晶体敌百虫50克与面粉1克混合制成适口药面喂鱼，喂药前停食1天，再投喂药面3天，将虫体驱出肠道；

②对已经患病的鱼应及时捞除，绦虫应进行深埋，以防止其传播；

③可采用槟榔粉末、南瓜子粉末和饲料混合（配比为1∶2∶10）喂鱼，连喂一周，有一定效果。

7. 碘泡虫病

（1）症状特征　碘泡虫在病鱼各个器官中均可见到，但主要寄生在脑、脊髓、脑颅腔的淋巴液内。病鱼极度消瘦，体色暗淡丧失光泽，尾巴上翘，在水中狂游乱窜，打圈子或钻入水中复又起跳，似疯狂状态，故又称疯狂病。病鱼失去正常活动能力，难以摄食，终至死亡。

（2）流行特点　此病在全国各地均有发现，但以浙江杭州地区最为严重。

（3）危害情况　① 主要危害 1 龄以上的金鱼；

② 严重时可引起死亡。

（4）预防措施　① 在放养金鱼苗种之前，要对饲养环境进行彻底消毒。用 187 克/米² 的生石灰彻底清塘杀灭淤泥中的孢子，减少病原的流行。

② 加强饲养管理，经常投喂水蚯蚓等动物性饵料，以增加鱼体的抵抗力。

（5）治疗方法　鱼种放养前，用 500 毫克/千克高锰酸钾充分溶解后，浸洗鱼种 30 分钟，能杀灭 60%～70%孢子。

四、真菌性疾病的诊断与防治方法

1. 打粉病

（1）症状特征　发病初期，病鱼拥挤成团，或在水面形成环游不息的小团。病鱼初期体表黏液增多，背鳍、尾鳍及体表出现白点，白点逐渐蔓延至尾柄、头部和鳃内。继而白点相接、重叠，周身好似穿了一层白衣。病鱼早期食欲减退、呼吸加快、口不能闭合，有时喷水、精神呆滞、腹鳍不畅、很少游动，有时在鱼缸内的石块上摩擦身体。最后鱼体逐渐消瘦、呼吸受阻导致死亡。

（2）流行特点　① 春末至秋初，水温在 22～32℃时流行；

② 当饲养水质呈酸性，pH 值 5.0～6.5，水中会有嗜酸性卵甲藻存在，此时易流行。

（3）危害情况　① 主要危害当年金鱼；

② 可导致金鱼死亡。

（4）预防措施　① 注意饲养过程中适宜的放养密度，平日多投喂摇蚊幼虫、水蚯蚓等动物性饵料，增强金鱼的抵抗力；

② 将病鱼转移到微碱性水质（pH 值为 7.2～8.0）的鱼池（缸）中饲养。

（5）治疗方法　①用生石灰5～20毫克/千克浓度全池遍洒。适用于室外土池或大鱼池，既能杀灭嗜酸性卵甲藻，又能把池水调节成微碱性，是很有效的预防方法；

②用碳酸氢钠（小苏打）10～25毫克/千克全池遍洒，适用于小水体。

2. 水霉病

（1）症状特征　病鱼体表或鳍条上有灰白色如棉絮状的菌丝。水霉病从鱼体的伤口侵入，开始寄生于表皮，逐渐深入肌肉，吸取鱼体营养，大量繁殖，向外生出灰白或青白色菌丝。严重时菌丝厚而密，有时菌丝着生处有伤口充血或溃烂。病鱼常利用缸壁、石砂或水草摩擦患处，鱼体负担过重，病鱼游动迟缓、食欲减退、离群独游，最后衰竭死亡。

（2）流行特点　①水霉病终年均可发生，尤其早春、晚冬及阳光不足、阴雨连绵的黄梅季节更为多见；

②水霉病是常见病、多发病，我国各地都有流行；

③水温在15℃左右病菌最活跃。

（3）危害情况　①专寄生在金鱼的伤口和尸体上，导致伤口继发性感染细菌，加速了病鱼的死亡；

②金鱼未受精和胚胎活力差的鱼卵也易感染。

（4）预防措施　①加强饲养管理，避免鱼体受伤；

②捕捞、运输时小心一点不使鱼体受伤，投放活饵料时注意清洁消毒；

③在越冬以前，用药物处理杀灭寄生虫；

④创造有利于鱼卵孵化的外界条件，在热带鱼繁殖时，用60毫克/千克的孔雀绿浸洗鱼卵（连同鱼巢一起）10～15分钟，可预防鱼卵水霉病。

（5）治疗方法　①每立方米水体用五倍子2克煎汁全池泼洒；

②用食盐400～500毫克/千克和碳酸氢钠400～500毫克/千克浓度合剂全池遍洒；

③每10千克鱼体重用维生素E 0.6～0.9克内服，连服10～15天；

④用2毫克/千克高锰酸钾溶液加5％食盐水浸泡20～30分钟，每天一次；

⑤ 把病鱼浸泡在浓度为 5 毫克/千克的呋喃西林溶液里，直至痊愈。

五、蠕虫性疾病的诊断与防治方法

1. 指环虫病

（1）症状特征　指环虫寄生于鱼鳃，随着虫体增多，鳃丝受到破坏，后期鱼鳃明显肿胀，鳃盖张开难以闭合，鳃丝灰暗或苍白，有时在鱼体的鳍条和体表也能发现有虫体寄生。病鱼不安，呼吸困难，有时急剧侧游，在水草丛中或缸边摩擦，企图摆脱指环虫的侵扰。晚期游动缓慢、食欲不振，鱼体贫血、消瘦。

（2）流行特点　① 指环虫适宜生长水温为 20～25℃，多在夏初和秋末两个季节流行；

② 该病主要通过虫卵及幼虫传播。

（3）危害情况　主要危害金鱼的苗种、幼鱼。

（4）预防措施　① 鱼池每平方米水深 1 米时，用生石灰 90 克，带水清塘；

② 鱼种放养时，用 1 毫克/千克晶体敌百虫浸洗 20～30 分钟。

（5）治疗方法　① 晶体敌百虫 0.5～1 毫克/千克，全池泼洒；

② 高锰酸钾 20 毫克/千克，在水温 10～20℃（包括 20℃）时浸洗 20～30 分钟，20～25℃（包括 25℃）浸洗 15 分钟，25℃以上浸洗 10～15 分钟；

③ 用 90% 的晶体敌百虫溶液泼洒，使水体中的药物浓度达到 0.2～0.4 毫克/升。

2. 嗜子宫线虫病

（1）症状特征　只有少数嗜子宫线虫寄生时，金鱼没有明显的患病症状。虫体寄生在病鱼鳍条中，导致鳞片隆起，鳞下盘曲有红色线虫，鳍条充血，鳍条基部发炎。虫体破裂后，可以导致鳍条破裂，往往引起细菌、水霉病继发。

（2）流行特点　① 春、秋季是该病的流行季节；

② 上海、浙江、江苏、湖北等地发病率较高；

③ 需要剑水蚤做中间寄主。

（3）危害情况　嗜子宫线虫一般不会直接导致金鱼死亡，但会影响其观赏价值。

（4）预防措施　① 用晶体敌百虫 0.4～0.6 毫克/千克的浓度全池泼洒，杀死水体中的中间宿主——剑水蚤类，5 月下旬及 6 月上旬各遍洒一次；

② 每年 4～5 月间，对金鱼苗最好投喂水蚯蚓、孑孓等饵料。如果投喂活水蚤，则应该用沸水烫过，以杀死水蚤体中的线虫幼虫，防止鱼苗因摄食水蚤而感染。

（5）治疗方法　① 每年 11 月至翌年 2 月，用放大镜或对着光用肉眼仔细检查金鱼的鳍条是否有淡红色的雌虫，用细针仔细挑破鳍条或挑起鳞片，将虫体挑出，然后用 1% 的呋喃唑酮溶液涂抹伤口或病灶处，每天一次，连续 3 天；

② 用呋喃唑酮泼洒，水温 25℃ 及以上时，使水体中的药物浓度达到 0.1 毫克/升，25℃ 以下时，用药浓度为 0.2 毫克/升，可促使鱼体伤口愈合，同时还能预防金鱼发生细菌性烂鳃病、白头白嘴病、竖鳞病等；

③ 用二氧化氯泼洒，使水体中的药物浓度达到 0.3 毫克/升，可以预防继发性细菌性疾病的发生。

六、鳃部疾病的诊断与防治方法

1. 原生动物性烂鳃病

（1）症状特征　病鱼鳃部明显红肿，鳃盖张开，鳃失血，腮丝发白、被破坏、黏液增多，鳃盖半张。游动缓慢、鱼体消瘦、体色暗淡。呼吸困难，常浮于水面，严重时停止进食，最终因呼吸受阻而死。

（2）流行特点　① 全国各地都有此病流行；

② 此病是金鱼的常见病、多发病。

（3）危害情况　能使当年鱼大量死亡。

（4）预防措施　① 用漂白粉或呋喃唑酮全池遍洒；

② 在投饵后用漂白粉（含有效氯 25%～30%）挂篓预防。

（5）治疗方法　①用利凡诺20毫克/千克浓度浸洗，水温为5～20℃时，浸洗15～30分钟；21～32℃时，浸洗10～15分钟。用于早期的治疗，疗效比呋喃西林或呋喃唑酮更显著。

②用晶体敌百虫0.1～0.2克溶于10千克水中，浸泡病鱼5～10分钟。

③用90％晶体敌百虫加水全池泼洒，使池水药物浓度达0.3～0.5毫克/千克。

2. 黏细菌性烂鳃病

（1）症状特征　鳃部腐烂，带有一些污泥，鳃丝发白，有时鳃部尖端组织腐烂，造成鳃边缘残缺不全，有时鳃部某一处或多处腐烂，不在边缘处。鳃盖骨的内表皮充血发炎，中间部分的表皮常被腐蚀成一个略成圆形的透明区，露出透明的鳃盖骨，俗称"开天窗"。由于鳃部组织被破坏造成病鱼呼吸困难，病鱼常游近水表呈浮头状。病鱼行动迟缓、食欲不振。

（2）流行特点　①水温在20℃以上即开始流行，春末至秋季为流行盛期。水温在15℃以下时，病鱼逐渐减少；

②此病是金鱼的常见病、多发病。

（3）危害情况　此病能使当年鱼大量死亡，1龄以上金鱼也常患病。

（4）预防措施　①经常投喂水蚤、摇蚊幼虫等活饲料，对预防此病发生有明显作用；

②在发病季节每月全池遍洒生石灰水1～2次，保持池水pH值为8左右；

③使用漂白粉挂袋预防。

（5）治疗方法　①及时采用杀虫剂杀灭鱼鳃上和体表的寄生虫；

②用漂白粉1毫克/千克浓度全池遍洒，此法适用于室外大鱼池；

③用中药大黄2.5～3.75毫克/千克浓度。大黄溶液配制方法为，每0.5千克大黄（干品）用10千克淡的氨水（0.3％）浸洗12小时后，大黄溶解，连药液、药渣一起全池遍洒，此药适用于室外大池；

④在10千克的水中溶解11.5％浓度的氯胺丁0.02克，浸洗15～20分钟，多次用药后见效；

⑤用食盐2％浓度水溶液浸洗，水温在32℃以下，浸洗5～10

分钟。

七、甲壳性疾病的诊断与防治方法

1. 中华蚤病

（1）症状特征　少量虫体寄生时一般无明显症状，大量虫体寄生时，则可能导致病鱼呼吸困难，焦躁不安，在水表层打转或狂游，尾鳍上叶常露出水面，最后因消瘦、窒息而死。病鱼鳃上黏液很多，鳃丝末端膨大成棒状，苍白而无血色，膨大处表面则有淤血或有出血点。

（2）流行特点　在长江流域一带盛行，4～11月是中华蚤的繁殖时期，5月到9月上旬流行最盛。

（3）危害情况　中华蚤主要危害小规格鱼，严重时可引起病鱼死亡。

（4）预防措施　根据中华蚤对寄主具有选择性的特点，可采用发病饲养池轮养不同种类金鱼的方法进行预防。

（5）治疗方法　① 用90%的晶体敌百虫泼洒，使池水中的药物浓度达到0.2～0.3毫克/升，每间隔5天用药1次，连续用药3次为一个疗程；

② 用硫酸铜和硫酸亚铁合剂（两者比例为5∶2）泼洒，使池水中药物浓度达到0.7毫克/升；

③ 用2.5%的溴氰菊酯泼洒，使池水中的药物浓度达到0.02～0.03毫克/升。

2. 锚头蚤病

（1）症状特征　发病初期病鱼急躁不安、食欲不振，继而鱼体逐渐瘦弱。仔细检查鱼体可见一根根针状虫体，插入肌肉组织，虫体四周发炎红肿，有因溢血而出现的红斑，继而鱼体组织坏死，严重时可造成病鱼死亡。当寄生的虫体较多时，鱼体像披着蓑衣一样。

（2）流行特点　长江流域一带4～9月份为此病的流行季节。

（3）危害情况　① 对金鱼的危害较大，尤其是幼鱼；

② 只要有2～4个虫体寄生于同一尾鱼，就可能引起鱼体死亡；

③ 影响鱼类摄食，造成鱼体瘦弱或极度消瘦，即使金鱼不死亡，也

会失去观赏价值或降低其商品价值。

（4）预防措施　① 彻底清塘消毒；

② 定期用漂白粉或呋喃唑酮全池遍洒。

（5）治疗方法　① 鱼体上有少数虫体时，可立即用剪刀将虫体剪断，用紫药水涂抹伤口，再用呋喃唑酮溶液泼洒，以控制从伤口处感染致病菌；

② 用浓度为1%的高锰酸钾水溶液涂抹虫体和伤口，经过30～40秒钟后放入水中。次日再涂药一次，同样用呋喃唑酮溶液泼洒，使水体浓度呈1～1.5毫克/千克，水温25～30℃时，每日一次共三次即可；

③ 用0.5毫克/千克敌百虫或特美灵可杀灭，但需连续用药2～3次，每次间隔5～7天，方能彻底地杀灭幼虫和虫卵。

3. 鲺病

（1）症状特征　同锚头蚤一样寄生于鱼体，肉眼可见，常寄生于鳍上。鱼鲺在鱼体爬行叮咬，使鱼急躁不安急游或擦壁，或跃于水面，或急剧狂游，病鱼出现百般挣扎、翻滚等现象。鱼鲺寄生于鱼体一侧，可使鱼失去平衡。病鱼食欲大减、瘦弱、伤口容易感染。病鱼皮肤发炎、皮肤溃烂。

（2）流行特点　① 流行很广，各地均有发生。

② 一年四季都可流行，因鲺在水温16～30℃皆可产卵。在江浙一带5～10月流行，北方在6～8月流行。

（3）危害情况　① 鲺以其尖锐的口刺刺伤鱼的皮肤，吸食鱼血液与体液，造成机械性创伤，使鱼体逐渐消瘦；

② 鲺能随时离开鱼体在水中游动，任意地从一个寄主转移到另一寄主上，也可随水流、工具等而传播；

③ 严重时可导致金鱼死亡。

（4）预防措施　① 病鱼的原池要消毒清整，用石灰或高锰酸钾消毒后换上新水；

② 病鱼经过药水浸洗后，仍可放回换过水的池中，并投入新鲜饵料以恢复体质。

（5）治疗方法　① 如鲺为少数可用镊子一一取下，这种方法见效最快，但是极易给金鱼造成伤害，一定要小心操作；

② 把病鱼放入 1.0%～1.5% 的食盐水中，经 2～3 天，即可驱除；

③ 把金鱼放入 3% 的食盐溶液中浸泡 15～20 分钟，使鲺从鱼体上脱落。

八、非寄生性疾病的诊断与防治方法

1. 感冒和冻伤

（1）症状特征　金鱼停于水底不动，严重时浮于水面。皮肤和鳍失去原有光泽，颜色暗淡，体表出现一层灰白色的翳状物。鳍条间粘连，不能舒展。病鱼没精神、食欲下降，逐渐瘦弱以致死亡。

（2）流行特点　① 在春秋季温度多变时易发病；

② 夏季雨后易发病，金鱼的幼鱼易发病。

（3）危害情况　① 当水温温差较大时，几小时至几天内鱼体就会死亡。

② 当长期处于其生活适温范围下限时，会引起金鱼发生继发性低温昏迷。长期处于低温下时，还可导致鱼体被冻死。

（4）预防措施　① 换水时及冬季注意温度的变化，防止温度的变化过大，可有效预防此病，一般新水和老水之间的温度差应控制在 2℃ 以内，换水时宜少量多次地逐步加入；

② 对不耐低温的鱼类应该在冬季到来之前移入温室内或采取加温饲养。

（5）治疗方法　① 对已得病的金鱼可将水温调高到 34℃，然后投喂新鲜的活饵并静养；

② 将水温恒定在 34℃，用小苏打或 1% 的食盐溶液浸泡病鱼，增加光照，病鱼可渐渐恢复健康。

2. 中暑与闷缸

（1）症状特征　中暑或闷缸的金鱼开始出现呼吸急促，体色逐渐变淡、浅，有的嘴巴周围或诸鳍的毛细血管充血，久浮水面，直到失去知觉昏死或死亡。

（2）流行特点　① 多发于炎夏的午后或夜间，尤其是闷热天气更易发生；

　　② 在阵雨来临前，要抢先做好清除池（缸）中污物工作，适当注入新水。

　　（3）危害情况　可导致金鱼死亡。

　　（4）预防措施　盛夏酷暑天，每天上午 9 时左右就应给鱼池盖帘遮阳，避免烈日暴晒，引起金鱼中暑。

　　（5）治疗方法　① 对尚未停止呼吸的或刚刚停止呼吸的金鱼，要立即换水适当降温，并在水中滴入 2～3 滴双氧水或用增氧泵增氧。对抢救成活的金鱼需放入嫩绿水中静养，停食 1～2 天，避免强烈阳光暴晒，待基本恢复健康后再逐渐投食；

　　② 阵雨后要立即吸去池（缸）底陈水（1/5～1/3）。

3. 气泡病

　　（1）症状特征　气泡病也叫烫尾病。病鱼体表、鳍条（尤其是尾鳍）、鳃丝、肠内出现许多大小不同的气泡，身体失衡，尾上头下浮于水面，无力游动，无法摄食。鱼体上出现了气泡病的症状，如不及时处理，病鱼体上的微小气泡能串连成大气泡而难以治疗。在金鱼尾鳍鳍条上有许多斑斑点点的气泡，小米粒大。严重时，尾鳍上既有气泡，还有血丝样的红线。如鱼体再有外伤，伤口会红肿、溃烂、感染疾病；尾鳍没有了尾鳍膜，露出鳍刺血丝，胸鳍和背鳍也布满气泡，若管理不当，也会造成死亡。

　　（2）流行特点　① 多发于春末、夏季的高温季节，气泡病是露天大面积饲养场夏天常见的一种鱼病，室内饲养的金鱼很少得这种病；

　　② 在夏季，持续高温，鱼池水温增高，水质过肥，池水变成绿色，缸内浮游植物或青苔或藻类过多，光合作用过于旺盛，大量释放氧气，由于水中溶解氧过度饱和，大量氧气形成微型气泡，附着在金鱼的体表、鳃上。

　　（3）危害情况　① 气泡病是大尾金鱼，如龙睛、水泡眼、红头高头和五花丹凤等金鱼最常得的一种病；

　　② 烫尾过 2～3 次之后，大尾鳍就变成小尾鳍了，甚至变成了秃尾，从而失去观赏价值；

　　③ 室外鱼池发生气泡病时，在短时间内可导致金鱼大批死亡。

（4）预防措施　① 注意水源，不用含气泡的水，用前须经过充分暴气；

② 池中腐殖质不应过多，不用未经发酵的肥料；

③ 保持水质新鲜，可有效预防此病。

（5）治疗方法　① 发病时立即加注新水，排出部分原池水，或将鱼移入新水中或室内水缸中静养一天左右，病鱼体上的微小气泡即可消失；

② 用打气泵驱除水中过度饱和的氧气，若金鱼患有外伤，可在伤口涂抹红汞水，并在消毒池中浸泡 5～6 分钟，2～3 天就能恢复原状；

③ 食盐全池泼洒，每平方米水深 1 米，用量 3～4 克。

4. 机械损伤

（1）症状特征　金鱼受到机械损伤，而引起不适甚至受伤死亡，有时候虽然伤得并不厉害，但因为损伤后往往会继发微生物或寄生虫病，也可引起后续性死亡。鱼体的鳞片脱落、折断鳍条、擦伤皮肤、出血，严重时还可以引起肌肉深处的创伤，导致金鱼失去正常的活动能力，仰卧或侧游于水面。

（2）流行特点　一年四季均可。

（3）危害情况　① 鱼体受到损伤后，严重的立即死亡；

② 鱼体受到压伤后，通常使该部分皮肤坏死；

③ 机械损伤后的鱼体容易受微生物感染，发生继发性疾病而加速死亡。

（4）预防措施　① 改进饲养条件，改进渔具和容器，尽量减少捕捞和搬运。而且在捕捞和搬运时要小心谨慎操作，并选择适当的时间；

② 室外越冬池的底质不宜过硬，在越冬前应加强育肥。

（5）治疗方法　① 在人工繁殖过程中，因注射或操作不慎而引起的损伤，对受伤部位可采用涂抹红霉素或稳定性粉状二氧化氯软膏，然后浸泡在浓度为 2 毫克/千克四环素药液中，对受伤较严重的鱼体也可以肌内注射链霉素等抗生素类药物；

② 将病鱼泡在四环素、土霉素、青霉素等稀溶液里进行药浴，浓度 1～2 毫克/千克；

③ 直接在外伤处涂抹红药水（应避免涂在眼部），每天1～2次。

九、营养性疾病诊断与防治方法

1. 营养缺乏症

（1）症状特征　病鱼游动缓慢、体色暗淡、食欲不振，有的眼睛突出、生长缓慢。大部分病鱼患有脂肪肝综合征，若遇到外界刺激，如水质突变、降温、拉网等，则应激能力差，会发生大批死亡。病鱼体表有溃疡；肝脏肿大、发黄、坏死；脊柱弯曲，身体畸形。若病鱼生长缓慢，经检查无寄生虫和细菌病，可确定为营养性疾病。

（2）流行特点　① 一年四季均可发生；

② 饲料中缺乏维生素而造成的体表组织损伤，继发细菌感染导致溃疡。

（3）危害情况　情况严重时可导致金鱼死亡。

（4）预防措施　平时加强注意饵料保鲜，避免使用腐败变质或新鲜度差的饵料。

（5）治疗方法　① 投喂冰冻饵料时，要解冻水洗后再投喂；

② 使用脂肪含量高的饲料，并添加维生素C和维生素B。

2. 萎瘪病

（1）症状特征　病鱼体色发黑、消瘦、背似刀刃、鱼体两侧肋骨可数、头大。鳃丝苍白、严重贫血、游动无力，严重时鱼体因失去食欲，长时间不摄食，衰竭而死。

（2）流行特点　在秋末、冬、春季为主要发病季节。

（3）危害情况　① 可危害在室外越冬的金鱼；

② 秋季繁殖的鱼苗，食料不足，个体小，越冬以前体内脂肪积累太少，对低温耐受力差，冬季即可逐渐死亡；

③ 不同规格的鱼未及时分池，小规格的鱼因摄食不到足够的食物也可能导致此病的发生。

（4）预防措施　越冬前加强管理，投喂足够的饵料，使体内积累足够越冬的营养，避免越冬后鱼体过度消瘦。

（5）治疗方法　①发现病鱼及时适量投喂鲜活饵料，在疾病早期使病鱼恢复健康；

②个体大小不同的当年鱼，应及时按规格分池饲养，投喂充足饵料，尤其是动物性活饵。

3. 跑马病

（1）症状特征　病鱼围绕池边成群地狂游，呈跑马状，即使驱赶鱼群也不散开。最后鱼体因大量消耗体力，消瘦、衰竭而死。

（2）流行特点　该病多发于春末和夏初的金鱼苗种培育季节。

（3）危害情况　可造成金鱼苗种的大批死亡。

（4）预防措施　①鱼苗的放养量不能过大，如果放养密度过大，应适当增加投饲量；

②饲养池不能有渗漏现象；

③鱼苗饲养期间，应投喂适口饵料。

（5）治疗方法　①发生跑马病后，应及时用显微镜检查鱼体，如果证明不是由车轮虫等寄生虫引起的，可用芦席从池边隔断鱼群游动的路线，并投喂豆渣、豆饼浆或蚕粕粉等鱼苗喜食饵料，不久即可制止其群游现象；

②可将饲养池中的苗种分养到已经培养出大量浮游动物的饲养池中饲养。

第六章

金鱼的运输

一、金鱼运输的要求

金鱼运输讲究快、稳、准，这是提高成活率的先决条件。

快：指运输时间要尽量缩短。

稳：指运输操作轻而平稳，切忌猛烈撞击和颠簸，严禁野蛮装卸。

准：指出口时间和转运时间要准，到达机场接收单位验收要准，到达目的地的时间要准。

二、金鱼运输前的准备工作

目前，我国金鱼的长距离运输，已采用塑料袋充氧运输的方法。这种方法不仅可提高金鱼在运输过程中的成活率，而且方便可靠，是目前极为理想的方法。

但是，为了确保金鱼在运输中的安全，还须认真注意以下几点：

① 根据要运输金鱼的品种、规格及其数量，选择适宜的容器，清洗消毒，以便使用；

② 对长途运输或短途运输的金鱼，应按其品种、规格、年龄、数量、运输距离等，选择合适的交通工具，提前拟订计划，做好运输安排；

③ 事先准备好静置或经暴晒2～3天的养殖水，确保用水溶氧充足、水质软化及水温平衡，并对即将运输的金鱼要提前2～3天放入新水中，在装袋前一天应停止给食，这样可使金鱼体内的粪便排除干净，俗称清肠，防止在运输过程中粪便过多污染水质；

④ 对运输的金鱼，按不同品种、规格、装箱要求，增加日放养量的1～2倍，先进行密集饲养，使鱼体在装箱前能适应低氧的环境，装箱后不至于因环境变化而引起金鱼缺氧或拥挤造成死亡；

⑤ 对体质虚弱、娇贵或刚产卵的金鱼，不要急于运输，即使运输，装箱密度要低，装箱速度要快；运输的鱼苗，一般选择3厘米以上者，此时它们的腹部已经丰满，体质也强壮得多，不满20日龄的鱼苗最好不要运输。

三、装金鱼

1. 检查塑料袋

对每只塑料袋要仔细检查，看是否有漏气、漏水现象。

检查方法：把袋口敞开由口往下一甩，迅速用手捏紧袋子口，空气就停留在袋中。然后，用另一手加压，看袋中空气有无瘪掉，有无漏气声音，这样就不难判别塑料袋是否漏气。为了保险起见，装金鱼的袋，外面应该再套上一只。首先用一只袋加好水，再把另一只套上，然后再去捉鱼，这样就不会把水灌到两只袋的夹层里，而且很容易套齐。

2. 注水

袋中清水数量不宜过多，只需要能浸没袋中金鱼就行。水量过多，就会增加总重量和运费，而且相应缩小了充氧的体积，直接关系到金鱼的成活率。当然水也不能放得少，如果放得过少会影响金鱼在水中游动，特别是大鱼因水量过少，鱼体不能平直立在水中，被迫侧卧，这对金鱼沉浮影响甚大。一般水量在10厘米左右为宜。总之，以塑料袋横下来放，金鱼在水中能平衡游动为好。

同时，在每袋水中可加微量（约3克）的食盐。这样，在一定程度上可改变金鱼的呼吸活动，从而降低金鱼的耗氧量，有助于提高金鱼在运输中的成活率和抗病力。

3. 充氧

在充氧时，须将袋中的空气排尽，然后充氧。要注意在提鱼装袋充氧前就把塑料袋与泡沫箱试一下，看一看大约充氧量到什么位置，做到充氧的数量既不能太少，又不能过多，一般以充氧后塑料袋略有弹性为度（充氧过量后易引起塑料袋胀裂或放不进箱内）。最后用橡皮筋或塑料带扎口。但是在扎口时还需注意：先要把里面一只袋口紧紧扭转一下，在根部用橡皮筋或塑料带扎紧，然后再把剩余的袋口也轻轻地扭转几下折回根部，再用橡皮筋或塑料带扎紧，最后再把外面一只塑料袋口用同样的方法扎紧。千万不要两只袋口扎在一起，这样是扎不紧的，容易漏气、漏水（图6-1）。

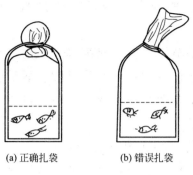

(a) 正确扎袋   (b) 错误扎袋

图 6-1　塑料袋扎袋方式

4. 注意运输放养密度

这对提高金鱼的成活率十分重要，现列表如下，仅供参考（表 6-1）。

表 6-1　金鱼长途运输密度表（塑料袋规格 95 厘米×50 厘米）

金鱼规格/厘米	运输密度/尾	最高密度/尾
2～3	800	900
3～5	300	400
5～7	250	350
7～8	200	250
8～10	100	120
10～12	25	35
12～14	20	25
14～16	15	20
16～20	10	12
20 以上	6	8

这里要着重指出的是，金鱼的运输密度与运输的距离、时间、季节、水温、品种和大小等各方面均有关。

（1）运输距离和时间　运输距离和时间的长短能直接影响到金鱼在运输中的成活率。一般在 1～2 小时左右到达目的地的称为短途运输，在 24 小时以上才能到达目的地的称为长途运输，2～24 小时之内到达的称为中途运输。运输距离和时间与运输密度成反比，运输距离和时间越长，金鱼密度越稀；运输距离和时间短，可根据气温、金鱼品种及大小适当增加密度。

目前，我国金鱼出口到世界各国均属中、长途运输之列，基本都是空运，一般采用双层塑料袋加压充氧，外加泡沫箱包装来进行运输。塑料袋型号常用 100 厘米×55 厘米、90 厘米×45 厘米、95 厘米×50 厘米、80 厘米×40 厘米。

（2）运输金鱼的季节　以春、秋两季为最佳，也就是每年 2～4 月和 9～12 月，最佳水温是 15～20℃。夏季尽可能不要运输，如果有特殊情况而急需运输的话，一定要考虑增加降温设备和材料。总之，气温、水温越高，金鱼运输密度宜稀。

另外，运输密度的大小还要和金鱼的品种、大小有关系，一般像水泡、珍珠鳞金鱼因在运输中水泡容易破损、珠粒容易碰落，应该稀运；而狮头类、龙睛类应根据金鱼健康状况，运输密度可略高一些。如果鱼体长、体大者，也要稀运；反之则密度可大些。而对于育种用的贵重金鱼和 3 龄以上的老鱼，密度要稀些。

四、运输中的护理

运输过程中，每只袋中应投放微量食盐、四环素或痢特灵。金鱼在运输过程中，难免要受一点伤，最容易受影响的是鱼体表面的黏膜，它是金鱼体外的保护层，一经挤压颠簸或捕捞都会受到伤害，这也是运输后金鱼容易感染患病、出现死亡的原因之一。所以，在金鱼运输充氧、打包前，在每只袋里投放微量（2～3 克）食盐或 0.25 克（即 1 片）四环素或土霉素，或者 0.01～0.1 克痢特灵，这样可起到防病和降低金鱼的耗氧量的作用，从而降低金鱼在运输中和到站后的发病死亡率。

五、运输到站后的处理

金鱼到站后不管是专业养鱼场还是家庭养殖，对刚买回的金鱼还要采取一些必要的处理。因为刚买回的金鱼，特别是经过高密度、长途运输之后，金鱼的体质必然大大下降，体表保护层（黏膜）也有损伤。所以，到达目的地后应尽可能为其提供良好的环境，尽量避免新的不良刺激，所以应采取以下步骤：

① 刚买回来的金鱼不要急忙开包，要连同塑料袋一起浸洗在近邻池（缸）的水中，静置 10～20 分钟，在袋内外的水温达到一致时，再把金鱼轻轻倒入盛有新水的面盆或水缸中。密度不宜过密，同时放入增氧泵增

氧，适当加入少许药物（如 20 毫克/千克的呋喃西林或者 5% 的食盐），稍等片刻，才可将刚买回的金鱼捞入等温的新水池（缸）中，并适当加入少许浓绿水饲养。

② 将新购入的金鱼放入金鱼池的同时，可向饲水中略放食盐（比例为每 100 千克水放 10～20 克食盐）或投放痢特灵（2～3 毫克/千克），这也是减少鱼病的有效措施。

③ 初买回的金鱼不要喂食或少喂食。由于刚买回的金鱼一时还不适应新的环境，故在 1～2 天内不要给食或只给鲜活的红虫少许，第三天才可给予少量鲜活红虫，给食量必须逐步增加。傍晚 4～5 时坚持用吸管轻轻吸去鱼粪便等污物，兑入等温新水，待金鱼适应新的环境，并未发现鱼病症状后才可转入正常饲养管理或与其他健康金鱼合并混养。

④ 有条件充氧的渔场或家庭可在鱼池（缸）内增设增氧泵充氧，尤其是珍贵品种更要重视增氧（图 6-2）。

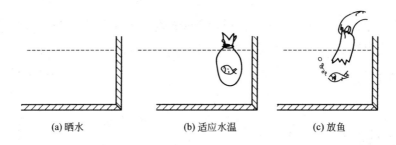

(a) 晒水   (b) 适应水温   (c) 放鱼

图 6-2　金鱼到家后的放养

六、应急措施

在运输金鱼过程中，偶尔会发生个别充氧的塑料袋中，金鱼因某种原因而出现不良表现，在没有新氧补充时，应采取应急换水措施。

① 用一面盆放 1/4～1/3 新水，如果没有，则可在 10 千克自来水中放 2～3 粒米粒大的大苏打搅拌一下去掉氯气。然后一手握紧袋口，把盛有金鱼的充氧塑料袋倒转过来，使袋口向下，迫使袋中的氧气浮到塑料袋的上半部。

② 把塑料袋口全部放入刚配制好的新水内，松开袋口，把全部金鱼倒入新水中。此时袋口仍在水中绝对不能离开水面，等全部金鱼倒出后，

仍在水中把袋口在水中收紧。

③ 继续握紧袋口离开水，袋口朝下握住袋口用手慢慢把氧气压向塑料袋上半部，尽量不要让氧气跑掉，然后在袋中央扎紧待用。

④ 把 8～10 千克等温新水倒入塑料袋的上半部，把金鱼也提在袋里。

⑤ 把袋口慢慢收紧扎好，然后才可把塑料袋中间的绳子松开，让金鱼落入底部。最后再把塑料袋口往下压一下，慢慢地把扎口移到下面一点，重新扎紧塑料袋口。

这就是在没有新的氧气补充下给金鱼应急换水的过程。当然，这种换水方法是在不得已的情况下采用的特殊措施。

七、提高金鱼在运输过程中成活率的措施

1. 检查鱼体，确保强壮

金鱼的强壮、活泼是提高运输过程中成活率的先决条件，因此在运输前，一定要对鱼体进行检查，如鱼体的肥胖与瘦弱、色泽的鲜艳与暗淡、季节的变化与鱼体的活动情况等，只有等装运的金鱼符合运输条件时才能运输。

2. 科学驯养，增强体质

驯养方法主要有两种，一是封闭驯养，二是密集驯养。

（1）封闭驯养　对金鱼进行长途运输但缺乏转运基地条件的单位，可提前半天至一天施行封闭驯养，到第二天再开包更换袋内污水，这样不至于引起金鱼运输前的慌乱，特别是在夏季更要采用此法，可有效地减少运输中的损失。

（2）密集驯养　金鱼在运输前的密集驯养，是检疫鱼体健康状况和促进分泌物排泄的重要一环。密集检疫能使弱鱼暴露出来并及时予以调整，而且能使金鱼排尽体内的粪便，有利于途中水质的保鲜。其操作步骤主要有：首先停止喂食 2～3 天，以促进其承受低氧的能力；其次是通过水质刺激，一方面清除体内的粪便污物，另一方面可加强体质锻炼和筛选弱质鱼；最后是增加放养密度，施行密集放养，使金鱼逐渐适应全封闭的运输环境，有利于提高运输中的成活率。

3. 调节水温，减少温差

金鱼一年四季均可进行长途或短途运输，在气温及水温升降明显的季节，如严冬和酷暑，宜施行双层包装运输。装箱时的水温要求为，冬天水温应高于老水 2~3℃，夏天水温低于老水 2~3℃，这样有利于调节箱内的水温，减少温差过大对金鱼的影响。

4. 合理密度

决定全封闭运输成活率的另一个关键性因素就是合理的包装密度，它包含两个方面，一是包装袋内所提供的氧气储存量和途中行程时间的长短相适合；二是包装袋内的水体以能使鱼体之间游动并略有空隙为宜，以达到饱和状态为度。

如果放养密度过稀，不利于经济效益的提高，特别是国际间的贸易，密度过稀将会大大增加运输费用；如果放养超量，则会缩小鱼体间的活动空间，致使鱼体间相互碰击摩擦，皮肤严重受伤，轻则影响观赏效果，重则引起皮肤溃烂、鳃丝糜烂，极易感染细菌及寄生虫；同时放养过密，氧气易缺乏，导致金鱼窒息而死亡。因此科学的放养密度是相当重要的。

5. 正确操作

金鱼的运输操作主要包括运输器具的准备与消毒；运输用水的消毒与装袋；金鱼的检疫与装袋。在操作中一是要求方法正确；二是要求速度快，减少中间的时间浪费；三是注意操作质量，动作要轻，减少鱼体受伤。

6. 药物预防

一是从运输前到目的地入池前，要做好检疫工作，并用晶体敌百虫、呋喃唑酮和食用盐进行缸、池、箱的消毒与鱼体消毒，对已经消毒过的鱼体，要用清水漂洗，防止将体表药物带入新的水环境中；二是在鱼病发病高峰期间运输时，可在装鱼前于每袋水体中放入 1 汤匙细盐或滴入数滴经稀释后的呋喃西林溶液，既能预防水质的恶化，又能杀菌消毒。

附 件

金鱼的十二月令饲养表

元　月

本月气候严寒，是一年中最寒冷的时候。在本月中，池塘里养殖的金鱼基本上处于冬眠状态，可以不用喂食，也不用换水。对于水泥池养殖的金鱼，应做好它们的保暖工作，如有条件可将金鱼移到室内或暖房越冬，尽量减少水质更换，投饵工作集中在中午。

二　月

二月上中旬的管理基本上沿袭元月份。到了下旬，气温逐渐回暖，这时应加强金鱼的投饵工作，在天气晴好的中午可适当投喂优质的饵料，尤其以天然活饵料为最佳。条件许可时，可在下旬更换一次新水。在这个月的下旬就要挑选优质亲鱼，单池放养，同时要降低放养密度，加强亲鱼催肥，为亲鱼的繁殖做好前期准备。

三　月

"烟花三月下扬州"，三月风和日丽，水温渐渐上升，尤其是江南地区三月份的平均气温10℃左右，有时气温甚至会高于20℃，这个月要加强对亲鱼的产前培育。由于春天气温开始上升，饲水中有机物腐败速度明显加快，如遇数日东南风、气温明显上升时，要及时更换金鱼的越冬老水，以防金鱼缺氧，池塘里养殖的可适时在中午时间开启一次增氧机。到了三月份的后期，金鱼的性腺已渐渐发育成熟，如果这时用提高室温来提高水温，金鱼会提前繁殖。在天气晴朗时，将不同品种的金鱼按一定比例单独饲养在一个鱼池中，做好产巢的准备。

四　月

四月的水温和气温都非常适宜金鱼的繁殖，因此在清明节前后，南方的金鱼就进入了繁殖季节，因此这个月的工作重点就转移到亲鱼护理、鱼卵受精与孵化方面。每日清晨应观察亲鱼活动情况，一旦发现雌、雄金鱼有发情行为时，要及时将它们放入鱼巢，同时做好鱼卵的孵化和仔鱼的护理工作，对尚未产卵的亲鱼，加强喂养和水质调养。

五 月

也是北方金鱼的繁殖旺期，这时要合理地安排亲鱼，做好繁殖工作。对于南方来说，要做好金鱼亲鱼的第二次、第三次产卵工作。对于尾鳍分叉的幼鱼，要及时换水和挑选，一般约 7 天换水一次。

六 月

六月的江南地区大部分进入梅雨季节，也是观赏鱼一年一度的发病季节，尤其是金鱼烂鳃病发病季节。没有产卵的亲鱼应尽量饲养在绿水中，减少换水次数，让亲鱼保持健康状态进入梅雨季节。遇有阴雨连绵的天气，要定期定时进行药液泼洒和水质调理，特别是天气闷热的日子，更要及时观察、及时处理水质，以防金鱼因长时间的轻度缺氧身体不适，进而诱发疾病的产生。对于南方繁殖的幼鱼已进入转色阶段，要注意营养，做好幼鱼的筛选工作。

七 月

七月已进入高温季节，月平均气温在 25℃ 左右，此时的工作重点是防止金鱼中暑和烫尾，并加强换冲水。对于池塘养殖的金鱼，增氧机开启应进入常态化，同时要做好水质监测工作。七月份有时会出现35℃的高温天气，要注意鱼池遮阳。七月也是金鱼食欲最旺盛的月份之一，此时投饵多集中在上午 7～8 时和下午 16 时左右，约 4～5 天换水一次。金鱼的幼鱼多数已进入筛选后期，应及时调整放养密度，加强幼鱼催肥。

八 月

这个月是一年中平均气温最高的一个月，池塘养殖的一定要及时加深水位，开启增氧机。这个月的工作重点是加强防暑，同时要密切注意观察金鱼的烫尾现象和下半夜的浮头情况。加强水质监管工作，对水体更换要频繁，必要时水要2～3天全部更换一次。虽然金鱼在这个月食欲也较旺盛，但是不能过多喂食金鱼，投饵量要保持在7～8成饱，避免水中有残饵剩余，残饵腐败会造成水质恶化。加强下半夜的观察工作，防止金鱼因缺氧而全池闷缸死亡的发生。

九 月

九月是气温转变的一个月，上旬仍是高温天气，管理要点同八月；下旬气温逐渐降低，金鱼的饲养重点是加强育肥，增加投饵量。一般7～10天换水一次，加强金鱼的疾病预防，控制饲水由清水向绿水转化，稳定金鱼的体况，加强金鱼的催肥。

十 月

金秋十月，秋高气爽。这个月的气候渐渐转凉，约15天换冲水一次，换水时应保持金鱼的新旧水温平衡。池塘养殖时可考虑适当降低水位。十月也是金鱼一年中第二次易发病的主要季节，应注意药物预防，加强金鱼的催肥工作，为金鱼越冬打好基础。

十一月

这个月的气温渐低，水温多在10℃左右，金鱼食欲正常，投喂营养丰富的饵料。约20天换水一次，换水时注意新旧水温平衡，金鱼尽量饲养在绿水中，加强对有病个体的药物治疗。池塘养殖的金鱼要注意慢慢加深水位。

十二月

这个月的气温下降非常厉害，本月的工作重点是做好金鱼的防寒保

暖。金鱼的食欲明显下降，投喂时一天只投一次，以中午时投喂为宜。在本月下旬气温更低时，可以停食，只是在中午晴好时少量投喂。本月换水一次就可以了，鱼池的放养密度可适当增加，水色以绿色为主，池塘的水位要适当加深。

参考文献

[1] 占家智，羊茜. 观赏鱼养殖 500 问. 北京：金盾出版社，2004.

[2] 万鹏，占家智，赵玉宝. 观赏鱼养护管理大全. 辽宁：辽宁科学技术出版社，2004.

[3] 迪克·米尔斯. 养鱼指南. 广东：羊城晚报出版社，2000.

[4] 占家智等. 水产活饵料培育新技术. 北京：金盾出版社，2002.

[5] 许祺源. 金鱼饲养百问百答. 南京：江苏科学技术出版社，2006.

[6] 王占海，王金山，王继龙. 金鱼的饲养与观赏. 3 版. 上海：上海科学技术出版社，1993.

[7] 韦三立. 养鱼经. 北京：国际文化出版公司，2001.

[8] 汪建国. 观赏鱼鱼病的诊断与防治. 2 版. 北京：中国农业出版社，2008.

[9] Dr. CHRIS, 等. 观赏鱼疾病诊断与防治. 台湾：观赏鱼杂志社，1996.

[10] 王鸿媛. 中国金鱼图鉴. 北京：文化艺术出版社，2000.

[11] 占家智，羊茜. 鱼趣. 北京：中国农业出版社，2002.